多维大脑

创新思维方法与应用

毕 欣 ◎ 编著

华夏出版社
HUAXIA PUBLISHING HOUSE

图书在版编目（CIP）数据

多维大脑：创新思维方法与应用 / 毕欣编著 . -- 北京：华夏出版社有限公司 , 2021.5

ISBN 978-7-5222-0104-7

Ⅰ.①多… Ⅱ.①毕… Ⅲ.①创造性思维－思维方法 Ⅳ.① B804.4

中国版本图书馆 CIP 数据核字（2020）第 270706 号

多维大脑——创新思维方法与应用

编　　著	毕　欣
责任编辑	赵学静

出版发行	华夏出版社有限公司		
经　　销	新华书店		
印　　刷	三河市少明印务有限公司		
装　　订	三河市少明印务有限公司		
版　　次	2021 年 5 月北京第 1 版 2021 年 5 月北京第 1 次印刷		
开　　本	720mm×1030mm　1/16		
印　　张	14		
字　　数	205 千字		
定　　价	49.00 元		

华夏出版社有限公司	地址：北京市东直门外香河园北里 4 号	邮编：100028
	网址：www.hxph.com.cn	电话：（010）64618981

若发现本版图书有印装质量问题，请与我社联系调换。

编者的话

我在十几年青少年科技创新教育教学中发现：很多人都认为创新很难、创新思维很抽象、无法捕捉获取，从而放弃尝试探索。甚至存在种种误区，认为创新思维是一种遗传天赋，要么生来就有，要么就没有，如果没有就不可能学会它……

为改善目前校内外科技创新思维教学难度大、比较抽象、缺乏系统课程的现状，依据国家教育供给侧改革方针，根据《中国教育现代化2035》文件精神，要在科技教育中时刻把握思维为本的教育教学方向，切实抓好青少年创新思维的培养。作为新时代的科技教师，应勇于采用新方法、新思路来创设课程，提高教学质量，因此，我设计了科技课程"多维大脑——创新思维方法与应用"，本书是该课程的教材。

本书整体内容包括：多维大脑十个维度、学会用大脑两侧去思考、创新思维的内涵、思维培养与训练方法、认知美德、创新思维课程体系整体设计目标、课程教学案例精选、创新课程实践应用、师生优秀项目精选案例赏析、教育教学多方评价等。本书以创新思维培养为主线，构建具有生活价值的学习课程，认识学习、实践应用、持续创新，体现全局性学习理念，既利于教师讲解，提高课堂教学质量，也利于学生全程互动，增强学习兴趣，最终提升青少年的创造力。学校可以通过科技课程、科学课程、综合实践和研究性学习课程、大型科普活动、竞赛指导课程、教师培训讲座等多种形式，分层次开展此教学内容。目前还没有同类课程教材。本书希望能够全面普及科技创新教育，形成日常教学课程，对学生的创新思维能力逐步地开发训练。科技创新属于每一位青少年和教师，应该成为日常教学普及课程。

本书没有过多地选择古今中外的伟人、名人的范例，而是从现实生活中寻找选题，从学生和老师的视角出发，以社会热点、焦点问题为载体，来精心创设系统教学课程，开展多维大脑、创新思维的启发训练，体验创新实践全过程，参与成果的分享与延伸。

通过这样的课程设计，可以让大家感受到科技创新就是源于我们身边的生活，我们身边的同学和老师都能参与进来，把所学的创新思维方法加以综合应用，有思想、有行动、有成果、有展望……每个创新研究既是一个科研成果，也是为了解决社会问题、造福人类！这样可以大大增加对创新思维学习的亲近感、自信心和自豪感，从而使更多的学生和老师愿意参与科技创新，也可以辐射到学校、家庭和社会：人人都养成创新思维的习惯和信仰，国家的发展进步需要持续的创新能力！希望同学们都爱上科技创新，迷上探索实践，让创新思维从"阻燃—可燃—自燃"的境界发展跃迁！

作为科技教育工作者，应结合时代背景和立德树人的教育理念，将科技创新教育和德育教育互相渗透、贯穿始终。科技创新从生活中来，最后又解决生活中的问题，这也正是创新的终极目标：服务社会、造福人类、增强社会责任感！把握人文共识理念的科技创新，更体现出其震撼的力量和境界，一定能为青少年科技探索增加温度和深度！

我已在全国多所中小学开展了本书的教学应用，达到了预期效果，也得到了学校领导、老师、学生、家长、专家、媒体的认可，课程教学相关内容在《现代教育报》《中国科技教育报》《中国环境报》《中国中学生报》《人民政协报》、北京电视台、中央电视台等媒体宣传发表。在此，感谢我单位宣武科技馆提供创新实践平台，感谢所有给予我支持和帮助的领导、专家和老师们。多维大脑、创新思维是人们无尽的潜能，我将继续深入研发系列课程和教材教法，进一步全面挖掘培养青少年的创新理念、创新习惯和创新能力！随着国家万众创业、大众创新、中国制造的战略部署的不断落实，也希望本书能得到推广普及，为提升全民创新思维贡献自己的绵薄之力。

本书是我十几年来研发开展的科技创新系列课程，希望能对老师、同学、读者朋友有所启发和帮助，不妥之处敬请指正！

毕　欣

2020.6

目 录

第一章 多维大脑与创新思维 ········· 001
 第一节 多维大脑 ········· 001
  一、多维大脑的内涵 ········· 001
  二、多维大脑的维度 ········· 001
  三、多维大脑点燃创新思维 ········· 004
 第二节 人脑结构与创新思维 ········· 004
  一、人脑的生理学结构 ········· 004
  二、左、右大脑与创新思维 ········· 005
  三、开发右脑创新能力 ········· 006
 第三节 创新思维融入多维大脑 ········· 007
  一、创新思维的内涵 ········· 007
  二、创新思维的过程 ········· 008
  三、创新思维的培养 ········· 009
  四、创新思维的方法 ········· 014
  五、创新思维训练 ········· 017
  六、创新思维自燃 ········· 031

第二章 多维大脑——科技创新思维课程体系与教学案例 ········· 046
 第一节 建构具有生活价值的学习课程体系 ········· 046
  一、建构具有生活价值的学习课程整体设计 ········· 046
  二、教学活动进度表 ········· 051
  三、课程教学的多种评价方式 ········· 053
 第二节 课程系列案例精选 ········· 056
  课程教案一 创新发明的思维探索 ········· 056

课程教案二　我身边的知识产权与保护 …………………………… 060

课程教案三　5G 移动通信技术与应用 …………………………… 064

课程教案四　"电子蜘蛛"的制作与创新应用 …………………… 067

课程教案五　探寻音乐与数学的不解之缘 ………………………… 071

课程教案六　思维导图绘制方法与应用 …………………………… 076

课程教案七　天文大事件之火星探秘 ……………………………… 080

课程教案八　电子音乐装置创意设计制作 ………………………… 085

课程教案九　交通安全法规与科技保障 …………………………… 089

课程教案十　环保戏剧创编与排演的初体验 ……………………… 092

课程教案十一　电子创意制作报警指示电路和精美电子礼盒 …… 096

课程教案十二　我创新，我快乐——研究成果展示延伸 ………… 099

第三章　多维大脑——科技创新思维课程实践应用成果 …………… 103

第一节　科研成果与解读分析 …………………………………………… 104

科研成果一　"创意寻迹罗盘无线智能车教具"的研发与

教学应用 ………………………………………………… 104

科研成果二　研究性学习探索——音乐与数学 ………………… 113

科研成果三　创编科技童话故事——小水滴大战"火风怪" …… 126

第二节　教与学的传承与发展 …………………………………………… 136

学生创新项目一　名胜古迹实时位置推荐古诗词手机 App 的

研究 ………………………………………………… 136

学生创新项目二　基于物联网+的邮筒信件高效收取系统

研究 ………………………………………………… 151

学生创新项目三　关于在社区高效智能回收厨余油脂垃圾的

研究 ………………………………………………… 164

学生创新项目四　具有自动切换功能的耳机音箱 ……………… 183

学生创新项目五　智能快速查找快件装置的研究 ……………… 189

第三节　科研与教学紧密结合的重要意义 ……………………………… 203

一、新课标对新型教师的要求 …………………………………… 203
二、教师五大专业能力的培养 …………………………………… 204
三、教师对学生创新的引领作用 ………………………………… 205

附录 《多维大脑——创新思维方法与应用》教育教学评价 …………… 207
参考文献 ………………………………………………………………… 215

第一章

多维大脑与创新思维

第一节　多维大脑

一、多维大脑的内涵

人的大脑是人类一切创新活动的源泉。思维是人脑对客观事物的概括、间接的反映。多维大脑体现了思维的维度性、层次性、联系性、方向性、立体性、鲜明性、具体性、开放性等特点。多维大脑要求人们跳出点、线、面的限制,有意识地从各个方向去考虑问题,也就是要"立起来思考",有效提升创新思维。通过发散与收敛法、组合法、移植法、正向与逆向法、缺点列举法、奥斯本核检表法、头脑风暴法等创新方法,最大限度地启迪、激发创新火花,解放思想,延伸拓展,充分体现思维的灵活性和独特性。

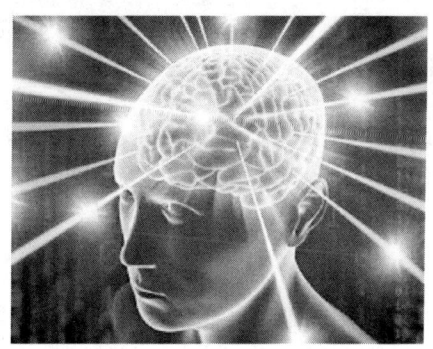

图1-1　多维大脑(摘自中国网)

二、多维大脑的维度

(一)广义维度

多侧面、多视角、多方位、多层次和具有系统性、完整性的N维思维,是从事物空间存在及其在时间中流动、变化的本来面目,来如实地反映事物的思维模式。从确定的和变动的角度,从系统本身和与外界横的层次及运动发展所经历的各个阶段纵的层次,从一个思考中心的上下、前后、左右等各个方向来认识把握,考虑互相联系与区别的若干问题,使大脑思维呈辐射状向各个方向展开,从一个平面向多个平面、从非空间思维到空间思维延伸,具有全方位的立体特征,各种规定性、不同层次相互交织而成多维度的庞大网络。

(二)课程维度

在科技创新教学课程中,可以从十个具体维度来开展学生的创新思维培养。

1. 十个维度

依据时代背景、教育发展理念,结合学科特点、学生学情分析、课程内容要求等,将课程体系中多维大脑界定为十个维度,具体包括:多学科、多主题、多热点、多层次、多角度、多亮点、多时空、多认知、多质感、多发展。构建具有生活价值的学习课程,与生活各个方面建立起丰富的联系,能够为有效的教学创造良好的机会,激发青少年的创新热情,使其产生共鸣,并对其产生吸引力,使之能够学以致用,建立社会责任感,进而改善未来的生活。

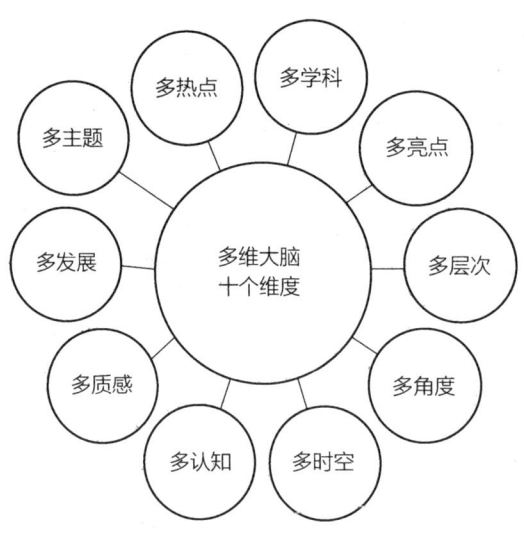

图1-2 多维大脑的十个维度

2. 多维大脑十个维度的内涵

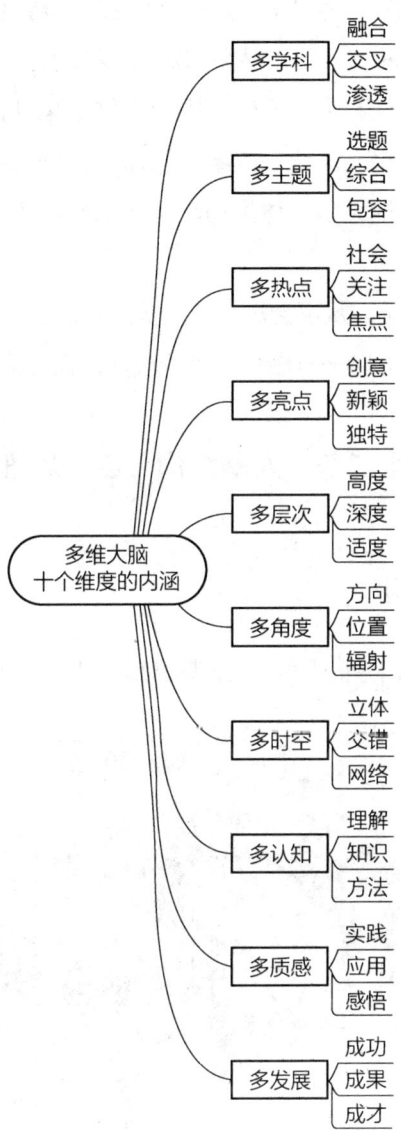

图1-3 十个维度的内涵

三、多维大脑点燃创新思维

多维大脑可以使创新思维"活起来、跳起来、亮起来":围绕构建具有生活价值的学习课程,注重多维大脑内涵和十个维度特点的可感触性体现,即将多向性、多值性、多维性和多层次性获得的思维成果外部形貌和内在本质,集中地再现,可以采用文字、图画、方案、画面、实物、模型……使其物化和外在化,并触手可及。多维大脑具体生动,科学准确,极大地提高了教育教学效果,挖掘出创新思维潜质。

该课程点燃创新思维,从不会思考到点拨启发后会思考,再到自觉思考,经历创新思维的"阻燃—可燃—自燃"三个阶段,从而达到更高的思维境界!

第二节 人脑结构与创新思维

一、人脑的生理学结构

人脑的构造(如图1-4所示),主要包括脑干、小脑与前脑三部分。

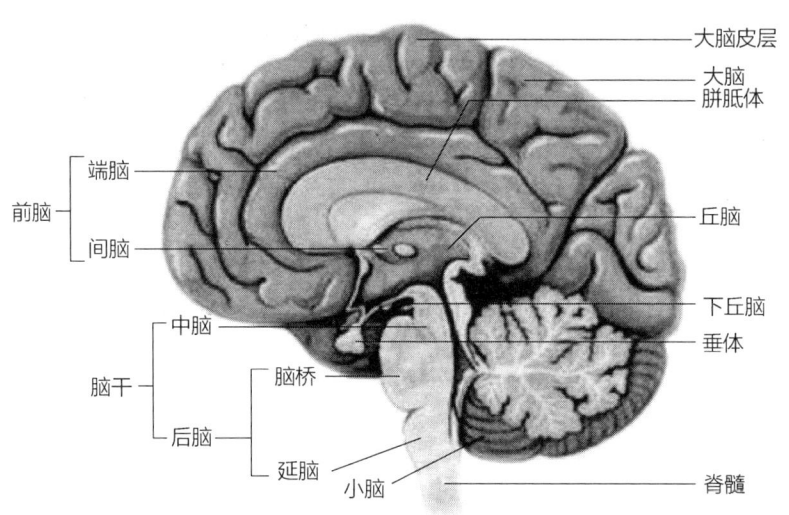

图1-4 人脑的生理学结构图(摘自遵义万维网)

脑干位于大脑下方，下连脊髓，呈不规则的柱状。经由脊髓传至脑的神经冲动，呈交叉方式进入：来自脊髓右边的冲动，先传至脑干的左边，然后再送入大脑；来自脊髓左边者，先送入脑干的右边，再传到大脑。脑干的功能主要是维持个体生命，包括心跳、呼吸、消化、体温、睡眠等重要生理功能，均与脑干的功能有关。脑干包括延髓、脑桥、中脑、网状系统。小脑位于大脑及枕叶的下方，恰在脑干的后面，是脑的第二大部分。小脑由左右两个半球构成，且灰质在外部，白质在内部。在功能方面，小脑和大脑皮层共同控制肌肉的运动，借以调节姿势与身体的平衡。前脑也叫大脑，属于脑的最高层部分，是人脑中最复杂、最重要的神经中枢。前脑又分为视丘、下视丘、边缘系统、大脑皮质四部分。人的大脑是人类一切创造活动的源泉。人类真正的思维是在大脑皮层进行的。

二、左、右大脑与创新思维

大脑分为左右两个半球，之间通过脑桥的大量神经纤维相互贯通。科学研究表明，人的左脑和右脑有明确分工（如图 1-5 所示）。左脑主要负责逻辑、文字、语言、分析、数字、次序等；右脑则主要负责颜色、音乐、想象、空间感觉、直觉、图形等。左脑进行抽象逻辑思维、复合思维和分析思维，负责创造性思维的右脑承担着进行形象思维、发散思维、直觉思维、形象思维的任务。左脑承担逻辑思维的重任，左右脑协调，以全脑来控制阅读过程，自然会取得出人意料的高效率。左、右脑精神机能分担论使人们明白了左脑分管听、说、读、写之类的语言功能，是传统阅读法的生理基础；而在进行不发生语言音声化的阅读时，是纯粹的视觉性行为，是可以用擅长处理视觉信息的右脑来完成的。

人脑的左半球是语言的载体，是进行集中思维、分析思维的神经中枢。思维具有连续性、有序性；大脑的右半球在具体思维、整体思维方面超过大脑的左半球，思维具有不连续性、无序性、弥漫性，特别富有想象力。这一点对研究人脑的灵感思维非常有价值，因为实验表明，人脑右半球无序思维的想象，最终都要产生肯定的结果，这个结果产生的状态是跳跃式的，是在人们不知不觉的时候突然出现，这就是我们平时所说的大脑跃发功能的闪现形式，人类的灵感思维是以大脑右半球为主的思维活动的显现。

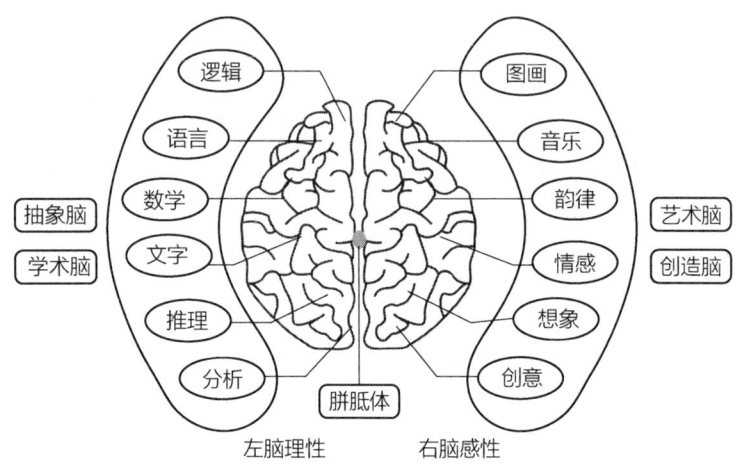

图1-5　左右脑分工图（摘自搜狐网）

左脑与右脑的和谐发展、协同活动，是创新思维活动得以正常进行的前提。但应该说，右脑功能的非言语、形象化和直觉性特点，更适合创造性思维。右脑越活跃，形象越丰富，形象之间通过联想机制也越容易产生新观念或新构想。如今的智力开发过分注重大脑左半球，也就是以逻辑思维、适合思维的智力开发为重点，而对创造性思维具有重要作用的右脑的机能开发相对不足。从左、右脑分工来看，要想开发一个人的创造潜能，绝不能忽视大脑右半球想象力、直观思维等的重要作用，而应尽可能使左半球的理性脑与右半球的感性脑相互联系，彼此协调，统一发展。

三、开发右脑创新能力

右脑支配左半身，控制左手运动，反过来，左手、左半身器官的运动也刺激右脑。有意识地调动左手、腿、眼、耳，特别是左手和左手手指的运动，对大脑皮层产生良性刺激，是开发右脑的有效方法，比如通过欣赏音乐或艺术品、增加左手使用频率、运用形象手段开发右脑功能、发挥想象力、学习培养等系统训练来逐步全面地开发右脑创意空间。

第三节　创新思维融入多维大脑

一、创新思维的内涵

（一）创新思维的概念

创新思维可以从广义和狭义两个方面来进行解释。广义的创新思维是指对自己不熟悉的问题进行思考，而且这种思维活动是没有现成的思路可以照搬的。它强调的是思维者思考的问题是生疏的，没有固定的思维程序和模式可以套用的思考活动。狭义的创新思维是指一种新理论的建立、新技术的发明或对新艺术形象进行塑造的思维活动。思维成果的独创性显得尤为重要，是前所未有的，它要被社会承认并产生巨大的社会效应，是为解决实践问题而进行的具有社会价值的新颖而独特的思维活动。

（二）创新思维的特征

1. 独创性和新颖性

创新思维贵在创新，它或者在思路的选择上，或者在思考的技巧上，或者在思维的结论上，具有前无古人的独到之处，在一定范围内具有首创性、开拓性，超出思维常规的新发现就是独创、新见解和新突破。

2. 极大的灵活性

创新思维并无现成的程序可循，它的方式、途径等都没有固定框架。进行创新思维活动，在考虑问题时可以从一个思路转向另一个思路、从一种意境进入另一种意境，多方位地试探解决问题的办法，从而得到不同的解决问题的途径和技巧，进而得到不同的结果。

3. 艺术性和非拟化

创新思维是一种开放的、灵活多变的思维活动，它的发生伴随着想象、直觉、灵感之类的非逻辑现象。非规范思维活动往往因人而异、因时而异、因问题和对象而异，具有极大的特殊性、随机性和技巧性，不可完全模仿。同艺术活动有相似之处，每个人都要充分发挥自己的才能，包括利用直觉、灵感、想象等非理性的活动，艺术的精髓和内在的东西不易被模拟。因此，创新思维也被称为高超的艺术。

4. 对象的潜在性

创新思维从现实的活动和客体出发，但它的指向不是现存的客体，而是一个潜在的、尚未被认识和实践的对象。创新思维要进行创造性的思索，并需要大胆试验，所以，创新思维的对象至今还不太清晰，还是潜在的，至多是处在由潜在向现实的不断转变之中，要从深度和广度上进一步认识，无疑带有潜在性。

5. 风险性

由于创新思维是探索未知的活动，因此要受到多种因素的限制和影响，如事物的发展及其本质暴露的程度、实践的条件与水平、认识的水平与能力等，这就决定了创新思维并不能每次都顺利成功，甚至有可能毫无成效或者作出错误的结论。所以，风险与机会并存。

二、创新思维的过程

创新思维的过程（如图1-6所示）首先是准备阶段。创新思维需要孕育，不会凭空产生或突然出现。这一阶段主要是发现问题、分析问题。发现问题是起点，分析问题并形成创新课题是关键。其次是酝酿阶段。找到问题后要寻找解决问题的途径，这是冥思苦想阶段。这个阶段要收集信息、设计方案、做实验，进行多方尝试。再次是明朗阶段。这是创新思维的突变阶段，顿悟、灵感都在此阶段产生。最后是验证阶段。这是创新思维的最后阶段，创新思维产生的结果必须经过论证、检验。

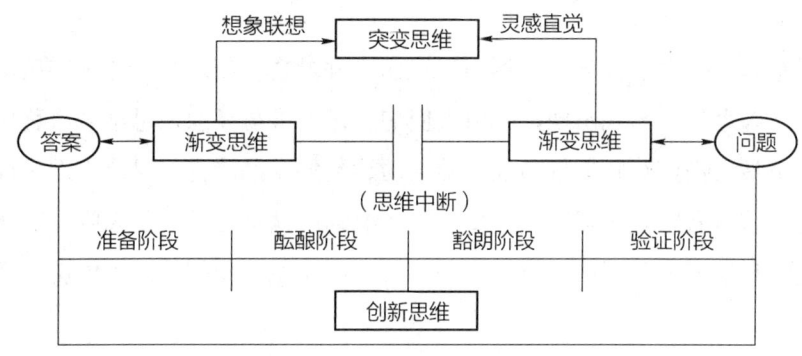

图1-6 创新思维过程图

创新能力是一种改造世界的能力，创新思维是核心。心理学研究认为，创新思维是以感知、记忆、思考、联想、理解等能力为基础的，以综合性、探索性和求新性为特征的高级心理活动。创新思维离不开繁多的推理、想象、联想、直觉等思维活动，人们只有付出艰苦的脑力劳动、长期的探索、刻苦的钻研、知识的积累，甚至多次挫折、素质磨砺才能具备！

三、创新思维的培养

要培养创新思维，首先要了解思维能力。思维能力是指人们依托大脑完成思维活动所必须具备的个性心理特征。这种能力虽因个体大脑形成时的遗传因素而有先天差异，但诸多研究表明，思维这种本领，可以教得会、学得到，也就是说人们的思维能力几乎可以一直不断地通过后天的培养加以提高。如胡卫平教授所说：只有学会思维才能学会求知、学会做人、学会做事、学会合作、学会创新，而思维培养是核心。基于思维去发展素养是我们创新人才培养必不可少的。思维有多种方式，灵感直觉思维、逻辑思维、批判性思维、辩证思维和发散思维,这五种思维方式对创新思维的培养起到很大作用。

(一)灵感直觉思维与创新思维

1. 灵感直觉思维的定义

灵感思维是人们在创造过程中出现的一种最富有创造性的思维突破,它常常以"一闪念"的形式出现,是由人们潜意识思维与显意识思维多次叠加而形成的,也是人们进行长期创造性思维活动达到的一种境界。灵感思维最根本的原因是人脑具有跃发生理机能,由于外界事物的偶然触及,使人脑皮层断路突然接通,长期困惑不解的问题突然获得答案,灵感火花闪现,为创新思维的产生奠定理论基础。

心理学家把突然的、意想不到的顿悟或理解叫作直觉,是一次性猛然接触事物本质的思维,它是得出结论后再去论证。直觉思维需要平时对事物本质认识的积累。直觉思维由显意识→潜意识→显意识构成一个动态整体结构,以整体性和跃迁性区别于其他思维形式。

2. 灵感直觉思维对培养创新思维的作用

灵感和直觉思维是创新思维的"导火索",直接激发出新思想、新观念,领悟事物本质和规律,实现认识的飞跃,有偶然性、突发性和深刻性的特征,是积极主动思维的结果。古往今来的科学发现和技术发明都与灵感有关。灵感确实是创造性思维的一个重要因素。

灵感直觉思维在人类思维活动中具有独特的创新功能。许多伟大的科学家都有过灵感直觉思维活动的体验,比如,阿基米德洗澡时因受到水的浮力的启发,灵光一闪发现了著名的浮力原理;瓦特看见水蒸气冲开壶盖而受到启发,发明了蒸汽机;伦琴从高压真空管造成的荧光现象中得到灵感,发现了 X 射线。爱因斯坦说:"真正可贵的因素是直觉。"这些事例都表明,灵感直觉思维在新理论的提出和新事物的发现等创新行为中所起到的作用是非常大的。

（二）逻辑思维与创新思维

1. 逻辑思维的定义

逻辑思维是人们借助概念、判断、推理等思维形式去揭示和把握认识对象的本质或规律性的思维过程，是按照逻辑规律的要求从已知推出新知的认识过程。逻辑思维是线性的、一维的，可以一步步推演下去，具有严谨性、精确性的特点。逻辑思维强调事物的因果关系和思维的连续性，因此也被称为纵向思维。

2. 逻辑思维对培养创新思维的作用

逻辑思维对人的创新思维有着重要的积极作用。首先，逻辑思维能对非逻辑思维提出的创新性思想进行逻辑论证，人们运用直觉、灵感、顿悟、想象等非逻辑思维提出的创新性思想在一开始通常是不系统、不完善的，这就需要逻辑思维对之进行加工，把它变成更系统、更完善的知识系统，使之逐步变为科学知识。其次，运用逻辑思维也能直接提出一些具有创新性的新思想，例如，门捷列夫利用他发现的元素周期律，从理论上预测了许多先前化学中未知元素的存在，并对某些性质做了描述。后来，这些元素果然被发现了。另外，创新思维形成之后，需要逻辑思维进行鉴定，做出正确评价，包括和现有的成果进行比较并判断其水平和等级；通过计算和预测，判断其应用价值和经济效益；通过推理，说明其应用前景和继续改进的可能。最后，逻辑思维还是传授和传播新思想的重要手段，经过逻辑论证，以理服人，更利于新理论和新思想的传授和传播。

（三）批判性思维与创新思维

1. 批判性思维的定义

批判性思维就是通过一定的标准评价思维，进而改善思维，具有合理性、反思性，既是思维技能，也是思维倾向。最初的起源可以追溯到苏格拉底。在现代社会，批判性思维被确立为教育，特别是高等教育的目标之一。批判性思维包括独立自主、自信、思考、不迷信权威、头脑开放、尊重他人等六大要素。

2. 批判性思维对培养创新思维的作用

批判性思维是创新的基础，创新思维是批判的最终目的。批判性思维的核心要素是质疑、反思，质疑的基本表现是问题意识。爱因斯坦曾经说："提出问题往往比解决问题更重要。"问题是思维的起点，问题的产生来源于怀疑、疑惑。只有善于思维才能善于质疑，因而，批判性思维是怀疑精神的必要前提，它由问题产生，又会因问题而得到持续深入的发展，最终的目的是使问题得到解决，并做出有所创新的发展。因此，批判性思维是创新思维解决问题的基础，没有批判就没有创新。同时，创新思维更离不开批判。批判性思维最终的目的是为了发现问题、解决问题。一旦发现了问题，就会产生解决问题的需要和内驱力，产生一种心理上的不平衡，从而激起强烈的求知欲和好奇心，唤起内心的思考和创造的需求和兴趣，并在创造动机的驱使下，积极且自主地进行新思考，开辟革新的道路。

批判性思维不仅促进创新思维，而且内在地需要创新思维，要通过创新思维来实现新思维的升华。批判性思维和创新性思维互相补充、相辅相成。批判性思维运用左脑的潜能，而创新性思维主要运用右脑。如果要充分发掘我们的思想、利用思考的能力，就必须用到这两种思维。

（四）辩证思维与创新思维

1. 辩证思维的定义

辩证思维是科学思维的重要方式之一，以变化发展的视角认识事物，通常被认为与逻辑思维相对立，运用唯物辩证法的规律进行思维，是一种世界观。主要运用唯物辩证法的质与量互相转化、对立统一、否定之否定三个规律，抓住关键，找准重点，洞察事物发展规律。

2. 辩证思维对培养创新思维的作用

辩证思维是坚持用马克思主义辩证法来看待问题、分析问题，事物的发展是量变与质变的统一，量变到一定阶段发生质变，然后在新质的基础上继续量变的循环过程。人们不仅靠抽象的理论进行逻辑的、严谨的分析、综合、推理和判断，而且也要借助直觉、灵感等取得思维上的突破，既尽可能多地提出各类新建议、新观念、新选择，也能质疑、判断、检验；既能用积极的态度去思考事物的优点，也能基于客观逻辑思维寻找论证事物发展的可能性；既能在直觉思考时表达出对项目方案的感觉、预感或情绪，也能及时总结、控制思维的进程，决定下一个思考步骤。这符合唯物辩证法的对立统一、否定之否定规律和联系、发展、一分为二的观点。辩证思维从事物内部分析观察，从本质上系统地认识事物，为创新提供强大的理论依据和思想动力，对问题进行全方位、多角度的整体系统的思考分析（如图1-7所示），从而产生新路径、新成果。

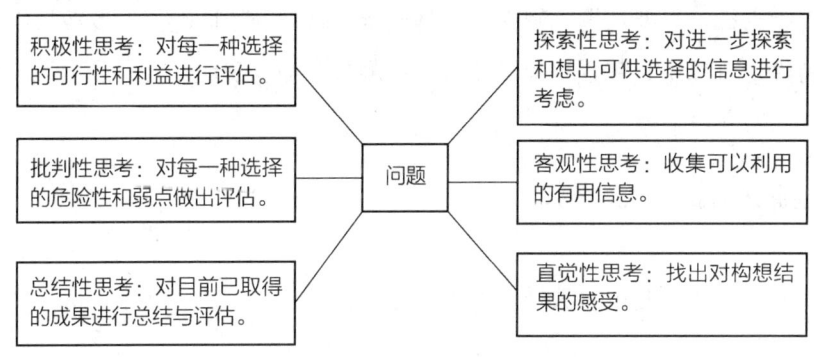

图1-7 整体系统思考分析

（五）发散思维与创新思维

1. 发散思维的定义

发散思维又称辐射思维、放射思维、扩散思维和求异思维，是指大脑在思维时呈现的一种扩散状态的思维模式，它表现为思维视野广阔，思维呈现出多维发散状。如用"一题多解""一事多写""一物多用"等方式，培养发散思维能力。不少心理学家认为，发散思维是创新思维最主要的特点，是测定创造力的主要标志之一。

2. 发散思维对培养创新思维的作用

发散思维有三个特性：流畅性、变通性、独特性。三个特性反映出发散思维的三种水平，在创造性思维中的作用是不同的。流畅性，指心智活动畅通少阻，灵敏迅速，能在短时间内表达较多的概念。在创造力测量中，流畅性以发散的"个数"为指标，只要不离开问题，发散量越大越好。变通性，指思考能随机应变，触类旁通，不局限于某一方面，常能给思维带来一些新思路。在创造力测量中，变通性以发散的"类别"数目作指标，只要切题，类别越多越好。独特性，指思考突破常规和经验的束缚，用前所未有的新角度、新观点去认识事物、反映事物，提出超乎寻常的新观念。在创造力测量中，独特性以"新颖、稀有"为指标，只要切题，越新颖、越奇特、越与众不同越好。发散思维的这三个特性，可以用吉尔福特的"非常用途测验"加以说明。

四、创新思维的方法

（一）发散思维和收敛性思维结合法

发散思维和收敛性思维结合法就是多角度思考问题，最后集中于某个问题上取得突破的方法。

例如爱迪生发明电灯的故事。爱迪生发明电灯时，光收集资料就用了200个笔记本。为了找到合适的灯丝，先用过铜丝、白金丝等1600多种材料，还用过头发和各种不同的竹丝，这属于发散性思维。最后在其他科学家的启发下，他采用了碳丝作为灯丝，发明了第一代电灯，这是集中性思维。

发散性思维包括以下6种（见表1-1）：

表1-1 发散性思维的6种形式

发散性思维的形式	内涵与特点
功能发散	以某种事物的功能为扩散点,设想出获得该功能的各种可能性。例如:尽可能多地设想水的用途、尽可能多地想出使脏衣服去污的办法等。
结构发散	以某种事物的结构为扩散点,设想出利用该结构的各种可能性。例如:尽可能多地列举具有"立方体"结构或有"旋钮式"结构的物品等。
形态发散	以事物的形状、颜色、声响、味道、明暗等为扩散点,设想出利用某种形态的可能性。例如:尽可能多地设想利用红光可以做什么或办什么事、尽可能多地设想利用辣味可以做什么或办什么事等。
组合发散	从某一事物出发,尽可能多地设想与另一事物(或一些事情)联结成具有新价值(或附加价值)的新事物的各种可能性。例如:尽可能多地说出钥匙圈可以同哪些东西组合在一起(可同小刀组合、可同指甲刀组合、可同小剪刀组合)等。
方法发散	以解决问题或制造物品的某种方法为扩散点,设想出利用该方法的各种可能性。例如:尽可能多地设想用"钻"的方法可以办成哪些事或解决哪些问题、尽可能多地设想用"爆炸"的方法可以解决哪些问题或办成哪些事情等。
因果发散	以某个事物发展的结果作为扩散点,推测造成此结果的各种原因;或以某个事物发生的起因作扩散点,推测可能发生的各种结果。例如:尽可能多地设想造成空调不制冷的原因;随便扔出一块石头,尽可能多地设想可能发生的结果等。

(二)逆向思维法

逆向思维法就是要打破常规反其道而行的一种创造方法。例如:电影摄影师拍摄人飞上高墙。人不可能飞那么高,他就拍摄了人从高墙跳下,放映时倒着放,这样的视觉效果就好像人是从下面飞上去一样。

(三)缺点列举法

缺点列举法是通过对已有的、熟悉的事物进行审慎分析,在对其缺点一一列举的基础上,找出相应的解决方案,从而完成创新的方法。

例如:升旗的绳子断了,需要有人爬上旗杆的顶端把绳子拴牢,但人爬上旗杆实在是太不安全,甚至会有生命危险,所以有人发明了旗杆穿绳器,并获得国际二等奖。墙上的电源插座,小朋友不小心将手插进去会有触电的危险,能不能改？怎样改？有人发明了防触电插座。

（四）观察发现法

观察发现法就是要做生活的有心人，仔细观察事物，从而发明创造出新事物的方法。例如：瓦特烧开水时仔细观察蒸汽推动壶盖，从而发明了蒸汽机；苹果从树上掉下，是人们司空见惯的事情，由于牛顿善于观察、善于思考，从而发现了万有引力。

（五）想象法

想象法就是敢于异想天开，用科学幻想创造出一种新产品的方法。例如：莱特兄弟少年时就异想天开要飞上天，最后发明了飞机；千百年来人们就想拥有千里眼和顺风耳，现在都成了现实。

（六）迁移法

迁移法是把某种事物的优点移到另一种事物上，从而创造出新东西的方法。例如：传统的锯都是又扁又薄的长型金属片，而且需要人力来操作。1812年，美国一位名叫泰比·达芭碧的主妇，到她丈夫的水力磨坊去看工人工作受到启发，她用迁移法发明了圆锯；有一个学生发现电风扇定时器定时功能的好处，就把定时器移到电热棒中，创造出定时电热棒，移到抽水机上就创造出定时抽水机，移到煤气罐上就创造出定时煤气灶。

（七）组合法

组合法是将两种或者两种以上的事物、理论的全部或部分有机结合、变革，从而产生新产品、新思路或形成独一无二的新技术。

例如：擦字橡皮使用了差不多一百年，美国画家海曼感觉画画时一会儿用铅笔，一会儿用橡皮擦，十分不方便，由于集中精力搞创作时经常找不到橡皮擦，他就在铅笔的顶端加上擦字橡皮，使用起来方便多了。于是他申请了专利，取得了丰厚的报酬。

（八）仿生法

仿生法就是模仿生物的形、色、音、功能、结构等发明创造出新事物的方法。自古以来，自然界就是人类各种科学技术原理及重大发明的源泉。生物界有着种类繁多的动植物，它们在漫长的进化过程中，为了求得生存与发展，逐渐具备了适应自然界变化的本领。人类生活在自然界中，与周围的生物作"邻居"，这些生物各种各样的奇异本领，吸引着人们去想象和模仿。

（九）BS（brain-storming）法

BS（brain-storming）法也称为智力激励法或头脑风暴法，是以小团体会议的形式集思广益来提出问题或解决问题的创新活动。

例如：1952年，华盛顿一千多公里电话线由于大雾造成树挂，使通信联络中断。为了在短时间内恢复通信，空军被派去解决这一问题。在讨论中，第三十六个设想是用直升机螺旋桨垂直气流吹落树挂，使用这个方法，通信很快恢复了正常。如果提出5个、10个、35个问题，讨论就戛然而止，不可能找到这一最佳设想。

（十）奥斯本检核表法

奥斯本检核表法是围绕需要解决的问题或者创新对象，把所有问题罗列出来，一一讨论，以促进对旧思想框架的突破，引向创新的设想。核检表法也有"创新方法之母"的美称。

例如：夜光粉是一种用量少、用途不广泛的发光材料，过去多用于钟表和仪表上。后来人们根据它的性能，设计出夜光项链、夜光玩具、夜光壁画、夜光钥匙扣等，还制成了夜光纸，可以剪裁成各种形状，贴在需要指示的位置，比如电源开关、火柴盒、公路转弯处、楼梯扶手上等。

五、创新思维训练

创新思维是在一般思维的基础上发展起来的，是后天培养与训练的结果，思考也是需要每天练习的,让思维"活起来",思维训练培养"活智慧"。因此,每天都要注重思维训练,设计配套的思维训练题。结合上面介绍的创新思维方法,在生活中养成勤于思考的习惯,对于已有的现象推理追问:"难道只能这样吗?还能做哪些改变?"有些人只能看到事物的表面,能否尝试从未呈现的一面入手,持续关注、独辟蹊径、继续发掘更新颖有效的发展空间呢?

下面以思维训练题为例,启发创新,激活多维大脑。

典型例题 1. 用 4 条连续的直线将图 1-8 中的 9 个点都连起来,不能回描或让笔画中断。

图 1-8 九点连线

图 1-9 是多人多次尝试的一些方法:

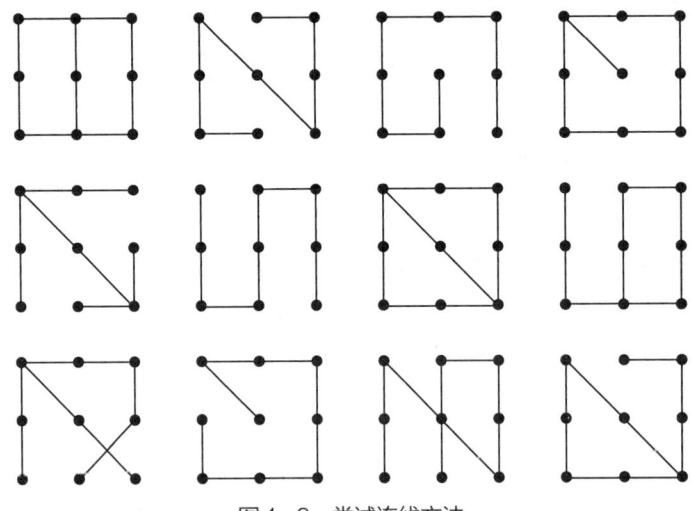

图 1-9 尝试连线方法

正确答案：

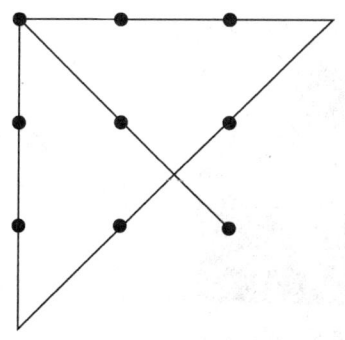

图1-10　正确答案

分析：解答九点连线问题，实际上反映了我们大脑的运作方式。我们看到什么（或者没看到什么）不仅取决于客观存在的物体，也取决于我们习惯于看到什么以及我们期望看到什么。如果你看到9个点排列在一个熟悉的方阵中，那么你的大脑就会自动过滤掉那种要在方阵之外绘图的想法。但是，为了成功解决九点连线问题，你必须跳出固有的思维模式。

典型例题 2. 从图 1-11 中，你看到的是年轻的姑娘还是老妇人？请分别说明不同的视觉效果所对应的人物的外貌结构和位置。

分析：从不同的角度、不同的面部细节（比如：鼻子、睫毛、眼睛、下颌骨、嘴、头的方向、人物的气质等）来判断年轻姑娘和老人。

图1-11　例题2猜图

正确答案：

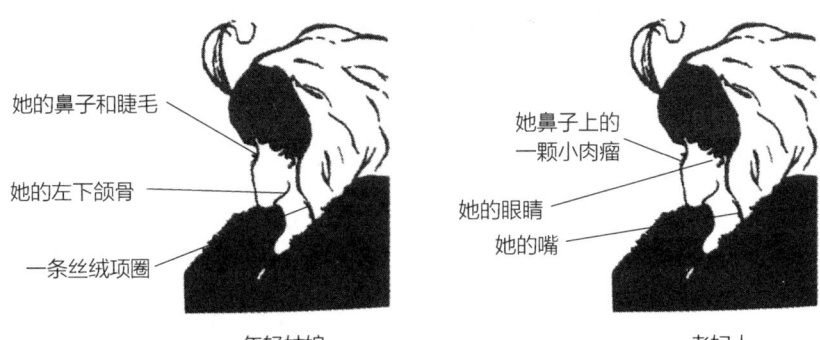

图 1-12　分析答案（摘自《思考的艺术》）

典型例题 3. 超声波与多种技术工艺相结合，请尽可能多地写出技术辐射产生的作用（选自《创新思维训练与方法》胡雪飞编著）。

表 1-2　超声波的应用

超声波与技术、工艺相结合 （启发填写）	产生新技术 （请填写）	应用价值 （请填写）
洗涤	超声波洗涤器	洗涤钟表零件、眼镜等
探测	鱼群探测器	探测鱼群位置、环境等
熔解	超声波熔解	可熔铝铅合金
焊接	超声波焊接	铝板熔接，变形量小
拉丝	超声波拉丝	用于拉丝，线材尺寸准确
研磨	超声波研磨	金属材料的研磨
切削	超声波切削	有多种优点，快捷方便
诊断	超声波诊断	诊断某些疾病
钻孔	超声波钻孔	切割宝石、玻璃、牙齿等
测量	超声波测量	测量深海等
检验	超声波检验	测定弹性模量
显像	超声波显像	探测人体内脏切面图像
雾化	超声波雾化	可将药液雾化治疗疾病
其他	……	……

典型例题 4. 只给你一张纸和一支笔，不得借用圆规或其他工具，怎样一笔画出如图 1—13 所示的一个圆和一个点（点为圆心）？

分析：把一张纸的一角折进纸里，笔尖骑着纸角点到纸上，即，笔尖点在纸面上（这一点就是圆心），笔在纸的背面画出圆的半径，再围绕圆心画圆；然后把折进的一角翻开，整张纸展平，围绕圆心完整画出一个圆。

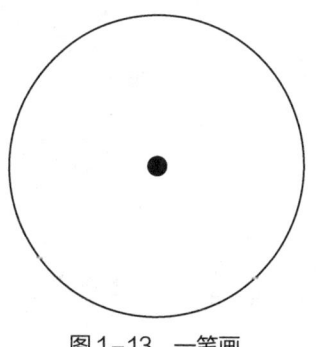

图 1—13　一笔画

典型例题 5. 尽可能多地、批判性地思考问题：

1. 尽可能多地设想利用网络可以做什么。
2. 尽可能多地写出报纸的用途。
3. 怎样才能达到休息的目的？想法越多越好。
4. 尽可能多地设想用"敲"的方法可以办成哪些事情？
5. 尽可能多地设想用铃声能做什么。
6. 尽可能多地设想开会迟到了会有什么结果。
7. 尽可能多地写出"我是谁"，即我与社会各个方面之间的关系。
8. 尽可能多地说出与创新有关的古诗词，并解释其中的内涵，说明对你有什么启发。
9. 介绍你的创意发明、想法以及改进方案。
10. 以你的手机为主体，还能附加什么功能或附属物？找一个产品，看看能否附加一些功能或进行有效组合，使其具有新的意义。

典型例题 6. 横向进行发散思维训练，针对每次课程中同学们提出的 5—10 个问题，选出其中 3 个学生最关注的话题，请大家思考并各抒己见。

比如：选择学生们很关注的"人口老龄化"问题，同学们畅所欲言，对解决这个普遍的社会问题提出自己的创意方案。

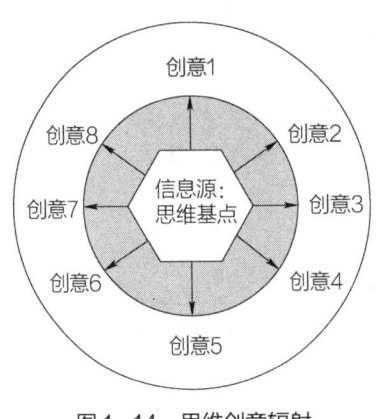

图 1-14　思维创意辐射

方案一，建议设立"时间银行"养老机制；方案二，建议在社区推广老年人食堂；方案三，建立社区关爱老年人 App 的研究；方案四，老年人乘坐公共摆渡车出行研究；方案五，关于推行人性化绿色葬礼的建议；方案六，养老院智能送餐机器人的研究；方案七，为独生子女照顾老人提供假期的建议；方案八，关于推广使用陪伴老年人的智能机器人的研究；方案九，关于安装老年人监控系统的建议研究；方案十，关于建立智能养老服务社区的建议研究。

典型例题 7.

1. 给每个小组一套可拼插的机器人套材，针对同一个主题，如智慧城市、环境保护、智能家居、美丽校园……请学生们设计、搭建出至少 5 种符合主题内容的模型，并讲解其内涵。

2. 给出几个简单的机器人编程指令，比如：向前走、向后、左转、右转、停止。请学生们搭建创意小车，按照所给的路线图纸，结合简单编程指令，来选择不同的方案来完成任务。

分析：在培养思辨能力的基础上，注重培养学生的动手能力。发挥想象力，通过设计搭建模型，培养学生多维大脑的思维弹性，学会举一反三。

典型例题 8. 格子分析法

格子分析法是由茨维基创立的方法。格子分析法首先在横坐标轴和纵坐标轴上列出圆的主要变数，然后对所有可能的组合利用头脑风暴法进行思考，并对所提出的各种提案进行评价，从中找出解决方案。

以设计一个建筑物为例，展示格子分析法的步骤：

第一步，把各种建筑材料分别列在格子的横坐标轴和纵坐标轴上（图 1-15 所示）。

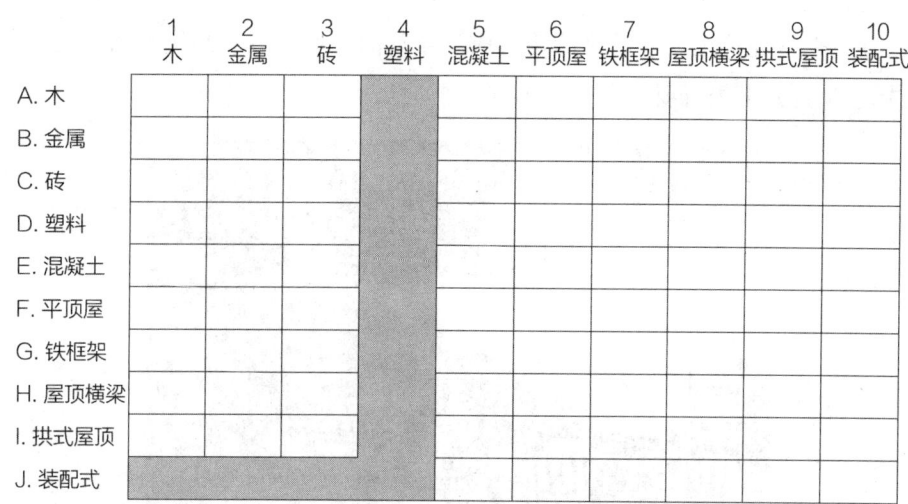

图1-15 格子分析法（摘自《创造性思维与创新方法》）

第二步，研究所有组合，在图1-15中，J4组合成"塑料装配式房屋"，并采用头脑风暴法提出与此有关的所有方案。

第三步，用头脑风暴法依次对所有组合提出相应的方案。

第四步，对所提出的各种方案一一加以评价，找出最优解决方案。

典型例题 9. 结合社会热点，了解火星相关知识，再结合现有的火星服，自主创意设计一款火星服。

典型例题 10. 设计有主题的科学创新幻想绘画，要求能准确表达科学的基本概念；科幻题材创意要新颖、有前瞻性；表达科技内容要有科学依据，符合科学逻辑，不要无根据地空想乱想；幻想的内容要具体详尽，细节描绘尽可能深刻，遵守国家法律法规。作品要求在画面的构图上、色彩的处理上、绘画的技巧上具有一定的水平。

给定的主题可以是环境保护、星际探秘、美丽校园、5G时代万物互联……

范例赏析：

北京市西城区师范学校附属小学潘嘉琪同学创作的绘画作品《连接月球建

新家》,把月亮拉近我们的家,让它成为家庭的一员,天一黑我们就出发,爬上梯子到月亮上去玩耍。

图 1-16 连接月球建新家

潘嘉琪同学还创作了绘画作品《美丽的绿色家园》。我们美丽的家园,是一个七彩的世界,有海洋蓝、植物绿、火热红、温馨粉、香蕉黄……我们就生活在这美丽的家园中。

图 1-17 美丽的绿色家园

典型例题 11. 尝试用如下 40 个发明原理构思创新想法：

表 1-3　40 个发明原理

1. 分割	11. 事先防范	21. 减少有害作用的时间	31. 多孔材料
2. 抽取	12. 等势性	22. 变害为利	32. 颜色改变
3. 局部质量	13. 反向作用	23. 反馈	33. 均质性
4. 增加不对称性	14. 曲面化	24. 借助中介物	34. 抛弃或再生
5. 组合	15. 动态特性	25. 自服务	35. 物理或化学参数改变
6. 多用性	16. 未达到或过度的作用	26. 复制	36. 相变
7. 嵌套	17. 空间维数变化	27. 廉价替代品	37. 热膨胀
8. 重量补偿	18. 机械振动	28. 机械系统替代	38. 强氧化剂
9. 预先反作用	19. 周期性作用	29. 气压和液压结构	39. 惰性环境
10. 预先作用	20. 有效作用的连续性	30. 柔性壳体或薄膜	40. 复合材料

典型例题 12. 你有什么办法描述物体的运动状态呢？

分析：知道了任意时刻某物体的位置，列方程、画图像，需要位移－时间图像，知道任意时刻物体的速度、加速度，经过思考和讨论，学生不仅认识到了位移—时间图像和速度—时间图像引入的必要性，还体会出这两种图像本质上都是描述运动的，同一个运动可以有两种甚至更多种描述方法。这样，学生的思维层次提高了，认识也深刻了。

典型例题 13. 在学习《万有引力》时，学生尚未接触椭圆，而教材上仅仅给出了椭圆的画法，对其几何性质没有做出讨论。

分析：由于物理学习的需要，学生需要掌握椭圆的基本知识，而数学课上暂时还没有讲到此内容，这就需要教师在学生的旧知识和新知识之间搭建起桥梁，为学生提供深入思考的机会。

学生并不是空着脑袋进课堂的，在学习新知识时，学生头脑中肯定有与其相关的旧知识。好问题应该是建立在旧知识基础上的，以推动学生深入思考。在万有引力定律的基础上，通过系列问题的引导，学生不仅对椭圆的性质有了深入的认识，并且认识到了把行星轨道看作圆轨道的合理性。

老师可以设计以下"问题串"：

1. 请同学们复习圆的画法并回忆如何根据画法写出圆的方程。

2. 根据教材给出的椭圆画法，思考要画出一个椭圆需要确定几个量，能否根据椭圆的画法求出椭圆的轨迹方程。

3. 思考在什么情况下椭圆会变成圆。

💡 课堂提问小策略：

1. 为不同的学生设计差异化问题，分为能够学会基本知识、能熟练应用等不同层次。

2. 多用开放性的词语，如"你的看法""你觉得怎样"等，尽量不使用封闭式词语，如"答案是什么"等。这样，学生就会觉得自己不会说错，提高了回答问题的积极性，促使他们积极思考，教师应更注重学生思考的过程而非结果。

3. 适度为课堂留白，这是非常重要的提问技巧，能给学生消化知识的空间。

典型例题 14. 听音乐《春节序曲》《同一首歌》《我的祖国》《小白船》……请同学们发挥想象力，说出音乐描述的场景、内容、画面感、时空感，并根据自己的理解，指出音乐编曲的创意想法。（听音乐扫二维码）

典型例题 15. 请在 8 分钟内列出红砖所有可能的用途。发散思维的三个特性，可以用吉尔福特的"非常用途测验"加以说明。

某个被试者的答案是：盖房子、盖谷仓、建教室、筑围墙、修烟囱、盖教堂、铺路面、修炉灶。这些答案，从流畅性看，可以得 8 分，因为有 8 个答案；但从变通性看，只能得 1 分，因为所有用途都是"建筑材料"，属于一类；若从独特性看，就只能得 0 分了，因为所列各项都极为平常，谁都知道，毫无"新颖、稀有"可言。三项相加共得 9 分。另一个被试者的答案是：做门槛、压纸、打狗、支书架、打钉子、磨红粉、做棒球垒。这些答案，流畅性可以得 7 分，因为它有 7 个答案；变通性可以得 4 分，因为所列用途有 4 类。

（二）多维大脑的每日思维热身题

1. 用 4 条直线最多能把图 1-18 的圆分成几部分？
2. 请将图 1-19 这个多边形分成 4 个同样大小、同样形状的图形，怎么分？

图 1-18 圆

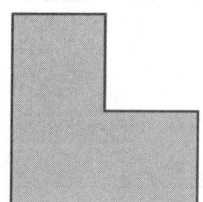

图 1-19 多边形

3. 图 1-20 里隐藏着几张人脸？

图 1-20 有趣的人脸（摘自腾讯网）

4. 第一眼看到图 1-21 里的数字是几，还能看到什么？
5. 在图 1-22 里，你看到了什么，还有什么？

图1-21　有趣的图形（摘自腾讯网）　　图1-22　图形的猜想（摘自《思考的艺术》）

6. 请填写下表中无线通信技术的辐射应用作用：

表1-4　无线通信技术的辐射应用作用

无线通信与实际相结合	产生新技术	应用价值
提问监测		
飞机		
教育		
诊断		
安全监控		
对话		
娱乐		
餐饮		
送货		
测量		
检验		
显像		
雾化		
其他	……	……

7. 例如：以"桌子"为中心词（如图1-23所示），再与其他多个词语组合产生一种新的事物。

8. 分别用以下两组词语：电、危险、机遇、成功、能力、艺术、自然、规律；电、风筝、节日、情人、红豆、袁隆平、荣誉、军人，编写出有逻辑关系的小故事。

9. 根据科学防控疫情这一主题,绘制科幻画。

10. 开放型问题:请你设计一条鱼。(要考虑哪些因素?)

11. 头脑风暴题集(答案不唯一)

(1) 为什么青蛙可以跳得比树高?(例如:树不会跳)

(2) 什么书谁也没见过?(例如:天书)

(3) 象棋与围棋有什么区别?(例如:象棋越下越少,围棋越下越多)

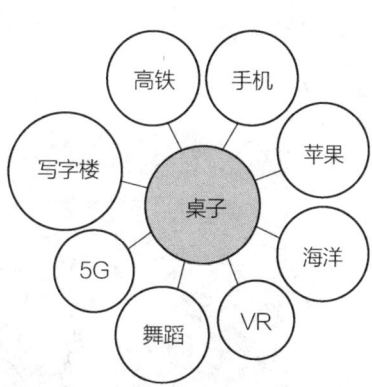

图 1-23 以桌子为中心的词语组合

(4) 两个人分 5 个苹果,怎么分最公平?(例如:榨成果汁)

(5) 一个人在沙滩上行走,回头为什么看不见自己的脚印?(例如:因为倒着走)

(6) 什么门永远关不上?(例如:足球门)

(7) 什么医院从不给人看病?(例如:兽医院)

(8) 什么样的路不能走?(例如:电路)

(9) 哪项比赛是往后跑的?(例如:拔河比赛)

(10) 迄今为止,你所见到的最大的影子是什么?(例如:黑夜是地球的影子)

12. 怎样评价一个人的创新能力呢?可以从以下几方面说说:

(1) 感知的能力,创新能力最初体现为有敏锐的观察力。

(2) 变通的能力,不拘于定理。

(3) 沟通的能力,交流中出现思想火花。

(4) 前瞻的能力。

(5) 诊断问题并找出解决方法的能力。

(6) 利用信息的能力。

还有哪些方面?尽可能多地表述或写出来。

13. 世界名画中的科学知识:

例如:分别从下面毕加索的《抽象画人物》、梵·高的《向日葵》、达·芬奇的《蒙娜丽莎》、梵·高的《星空》中，说出名画中所蕴含科学知识的创意方法。

图1-24　世界名画

14. "灵感"出自哪国文字，有什么特点？灵感思维有什么规律？请试着自己总结一下。

15. 纵向发散训练：用所学知识有创意地进行电子制作，学会举一反三，培养多维大脑的思维弹性。

横向发散训练：

（1）针对每次课程中同学们提出的5-10个虚拟的社会现实问题，通过统计,选出前3个学生们最为关注的话题,请学生们思考如何改进,并各抒己见。比如:选择学生们很关注的"全民健康"问题,同学们畅所欲言,对普遍的社会问题提出多种富有创意的解决方案。每次课都这样训练创新思维,鼓励学生们对发现的问题逐一做出最初步的改进设想,大胆表达,让创意立体拓展,创造力得到开发和释放。

(2)接下来,可以以"手机App"作为主题,继续横向发散思维,引发新的可持续发展的课题研究。

16.你对创造力、创造性、创新精神、创新思维、创新性格、创新方法怎样理解?你认为它们之间有什么关系?如果能,可以用怎样的公式来表达?对多维大脑网络化立体思考、层层递进的创新与实践案例进行分析,怎么观察发现的?怎么思考确定选题?怎么开展调研考察、探索实施从而解决问题?

六、创新思维自燃

通过课程的学习和每日的思维训练,启发青少年打破思维定式,善于观察思考,敢于大胆质疑,勇于推陈出新的创新思维品质,并融入多维大脑,促进思维自燃——活起来,亮起来,迁移应用,提高创新实践能力。这里选了部分幼儿、中小学生、大学生、研究生思维跳跃发展的案例——奇思妙想,体现了创新思维要从娃娃抓起、养成良好习惯、敢为天下先、终生持续创新的精神!下面,一起来看看学生们的创意吧!

案例一 基于全民健康视角,老旧小区晾晒被褥难题的解决方案

项目作者 王麦豆

(作者简介:初中就读于北京四中,高中就读于北京三中,从小参加过一些关于电子技术的比赛,善于发现生活中的科学问题。喜爱中医知识,阅读过很多中医图书。初中时曾研究过有关药茶治疗青春痘、高架桥的承重问题、关于全民健康的老旧小区被褥晾晒等问题。)

健康是促进人类发展的必要条件，是社会发展的基础。在经过老旧小区或者胡同的时候，我总能看见居民随意晾晒被褥的情况，这样不仅会影响生活环境的美观，更重要的是还会影响居民的身体健康。很多老旧小区居民反映，阴面户型没有充足的日光照射，导致被褥晾晒不充分，滋生细菌。为了充分了解老旧小区居民对晾晒被褥的看法，为改善提供思路，我展开了调查。通过调查问卷的形式收集小区居民对于不能及时、健康、安全、美观晾晒被褥的看法。我一共发放了300份调查问卷，其中100份是现场实地调查，另外200份是通过"星立方"进行调查。初步调查显示：72.9%的小区居民都遇到了晾晒被褥困难的问题，66%的居民对专属的晾衣地点和健康、卫生的晾衣环境是有需求的。此外，我还做了很多社会调查，例如：采访社区居委会、采访老旧小区居民等，他们都对老旧小区晾晒被褥的现状表示不满，所以我就设想可不可以设计一个智能共享晾衣管理模式。通过不断研究改进，我利用微信小程序、云端数据库等技术，设计了一套智能共享晾衣架系统，并形成了一个初步的模式：注册、查找晾衣地点、预约、预约超时作废、晾衣、超时收费等，实现居民共享晾衣架。今后我将继续研究怎样完善我的晾衣系统，争取推广到更多地区。

案例二　关于为宠物狗佩戴"视觉遮挡"功能眼镜的建议

项目作者　王泳淇

（作者介绍：北京市西城区黄城根小学学生。从小爱科学，喜爱探究，乐于创新，曾两次获得北京市中小学生科学建议奖活动建言献策二等奖。）

近日，我连续看到很多起因为宠物狗未佩戴项圈或挣脱项圈，造成人身伤害的报道，甚至有伤人致死的恶性事件发生，对此我非常痛心。经过发放调查问卷和实地观察，我得出如下结论：所有的养狗人都知道应该给犬类佩戴项圈，但很多小狗感觉不舒适，不喜欢佩戴项圈，会表现出许多抗拒的行为；很多狗主人认为狗也应该享受自由。我认为，在科技高度发达的今天，应该发明一些更加先进、时尚的工具，更有效地帮助人类实现对狗的管理，在保证路人安全的前提下，也让狗狗更加舒适，管理更加人性化。

我准备研发一款具有"视觉阻挡"功能的远红外遥控眼镜，在小狗出门时给它佩戴上。这个眼镜的原理是：平时此眼镜可以正常视物，不影响狗狗的正常活动，而一旦前方出现特殊情况，如幼儿接近、路口红灯，或狗狗突然情绪激动时，主人立刻按下手中的遥控器。此时，眼镜上的红外线装置接收到相关信号后，镜片立刻呈现其液晶屏幕属性，在小狗的眼前呈现一堵墙的画面；同时镜腿上的微型扩音器传出主人平时训练时的简洁命令，如：旺仔，坐下！小狗接收到命令后，形成条件反射，停止动作（如图 1-25 所示）。佩戴此眼镜前，主人需要对小狗进行训练，让它适应外出佩戴眼镜，并且在出现"墙"的画面及主人的指令后，迅速做出原地停止的动作。当前液晶屏技术、远红外遥控技术都非常成熟，且被普遍运用于生产生活之中，改装在小狗眼镜上是可行的，造型美观且成本不是很高。期待着每只小狗都成为酷酷的眼镜侠。

图 1-25 "视觉遮挡"控制宠物

案例三　游泳耳机

项目作者　黄沛淇

（作者介绍：北京市第三中学学生，特长是科技、篮球、击剑。）

我平时喜欢读科技类的书，下面是我在日常生活中的一个小想法。

夏天最热的时候到了，我们可以到游泳池中去游泳、玩水了！我和同学们交流了一下"怎么样才能让游泳时佩带的小物件不丢失"，最后总结了一下，有以下两种方法：

1. 让那些小物件变大一些，即使丢了，找起来也比较方便；

2. 可以把那些小物件合在一起。我看到家里电脑上的耳机，忽然有了灵感，发明了"游泳耳机"（如图 1-26 所示）。它的样子与普通耳麦差不多，话筒处是游泳鼻夹,而耳机处是游泳耳罩。

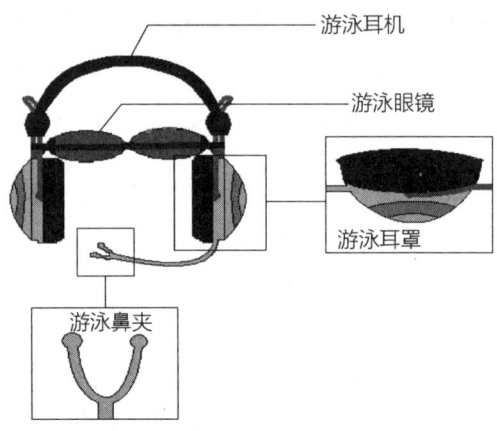

图1-26 手绘"游泳耳机"装置

案例四 科幻画·我们的星球

项目作者 潘嘉琪

(作者介绍:西师附小展览路校区一年级学生,特长是喜欢画画,喜欢做科学实验。)

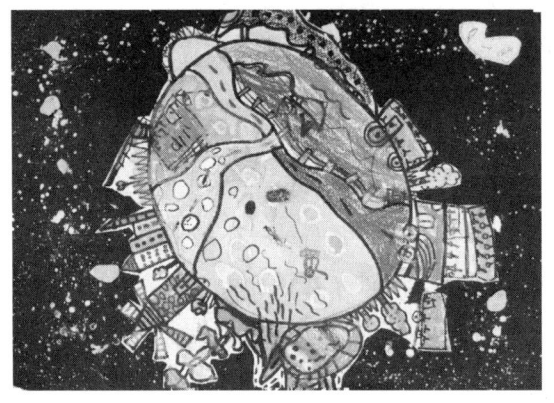

图1-27 我们的星球

茫茫宇宙,繁星点点,为了创造更好的生存环境,我们要像爱护自己的家一样爱护我们生活的星球——地球。

案例五　精准扶贫与虚拟现实

项目作者　张敬焜

（作者介绍：北京景山学校远洋分校五年级学生，在第八届"书香燕京——北京市中小学生阅读指导活动"中获得小学组征文一等奖。）

2013年，习近平爷爷首次提出"精准扶贫"，就是要对扶贫对象实行精细化管理，对扶贫资源实行精确化配置。2017年，习爷爷在十九大报告中指出，2020年我国现行标准下农村贫困人口实现脱贫。我在浏览京东扶贫馆时，发现有两个问题，一是产品介绍只有图片，个别有短视频，不能展示出产品优势。二是种类单一，几乎都是农产品。

基于以上两个因素，我建议：以时下流行的VR眼镜、体感服作为消费奖品，扶贫馆将VR眼镜与体感服相结合，全方位展示产品，促使消费者持续购买。

京东扶贫馆实行积分消费制，消费一定数额后，便可以得到相应数量的代购币，用来换一副VR眼镜和体感服（如图1-28所示）。有了它们，消费者就可以更直观地体验到产品的生产、制作和出售的过程，更好地了解产品。VR眼镜只要与电脑、手机等客户端连接，即可更新VR眼镜内容，每一个产品介绍都像一部电影，而且能够带给消费者如临其境般的感觉。这些都会使消费者

图1-28　精准扶贫与虚拟现实

更好地感受产品的魅力。积分可以持续升级,不同级别可以解锁不同功能。让消费者产生享受优质的扶贫产品、享受升级购物的成就感。

现阶段,VR眼镜技术和5G网络技术都比较成熟,能够保证质量和速度。同时,相关部门做好监督和管理工作,以确保消费者购物顺利。扶贫,不应该只是用爱心来给予,更应该用服务来吸引消费者更广泛、更积极地参与,让"用VR眼镜,到扶贫馆,买好东西"成为2020年的新时尚。

案例六 妈妈抱枕

项目作者 乐言煊桓

(作者介绍:小名虾仔,5岁,活泼开朗,喜欢观察植物的成长,独立绘制了一本《种子的故事》。最喜欢的动画人物是奥特曼。)

虾仔:妈妈,我昨天都哭了!

妈妈:怎么了,为什么哭?

虾仔:你不在,我睡觉的时候想你,就哭了!

妈妈:妈妈也想你,可是妈妈要上班呀,总有不在你身边的时候。妈妈不在的时候你要照顾你自己呀!

虾仔:你不在,没有你抱抱,我睡不着。

妈妈:要不这样,你想想办法,能不能发明一个代替妈妈抱你的东西!

虾仔:好呀!想到了,我发明一个"妈妈抱枕",抱着它就像抱着妈妈一样。(随手拿起一个枕头)

妈妈:(笑)你抱抱,真的像妈妈吗?

虾仔:不像!

妈妈:为什么?

虾仔:没有妈妈的样子和妈妈的声音,也不能摇。

妈妈:那怎么办?

虾仔:我可以在这里安装芯片,把妈妈唱歌、讲故事的声音录进去,把妈妈的样子录进去,我想你的时候一按按钮就放出来了,还可以摇一摇。哈哈!

妈妈：嗯，太棒了！不过你能把它画下来吗？

虾仔：好啊！这款抱枕（如图 1-29 所示）存储了妈妈的照片、声音，一按按钮就像妈妈在身边一样，还可以模拟妈妈抱抱的动作。

图 1-29　妈妈抱枕

案例七　健康芯片

项目作者　门子言

（作者介绍：现就读于首都经济贸易大学信息管理与信息系统专业。高中时参加北京市青少年科技后备人才培养计划，获第 38 届北京市青少年科技创新大赛二等奖和国科大专项奖。）

从 2003 年的"非典"到 2020 年的"新冠"，我国乃至全世界都在和病毒做斗争。在每次抗疫的过程中，从一定数量症状相同的患者就医，到确定病毒是否流行，再到统计接触者数据，这些前期工作十分重要。只有准确掌控数据，才能更精确地进行隔离和治疗。这个过程会耗费大量的人力、物力，更会浪费大量时间，如果每个人身上都有一个健康芯片，可以随时采集人身体的数据，并将数据传送至终端，一旦采集到的信息被证实是对人体有害的病菌或病毒，或者是未知的新毒株，相关部门可以进行大数据统计和分析，精准定位到芯片所有者，并及时作出反应。这样做的优势是在采集数据的同时完成了统计和分析，大大减少了采集数据的时间，可以及时控制患病人群。此外，这些数据也为后期的诊断提供了清晰的依据。

健康芯片功能可以非常强大，不光是监控病毒类信息，还可以对人的各项指标进行监管，比如癌细胞情况、心脏状况、大脑状态等。这样就可以在对病毒进行监测的同时，实时监控人体状况，相当于随时体检，以便及时发现问题，避免延误治疗。当然，为了保证芯片数据准确，可将芯片联网并及时更新。

案例八 疫情下的国内剧场文化自救

项目作者 王雨晨

（作者介绍：硕士毕业于美国克拉克大学金融数学专业，中学曾获得北京市科学建议十佳项目奖、北京市创新大赛二等奖等。）

疫情期间，世界各地的剧院经营正在经历寒冬。全国各地的绝大多数剧场仍处在未复工的状态，沉寂了大半年的中国剧场业也想了一些方法自救，预售周边、线上公演，一些剧场以及音乐剧演员甚至做起了线上卖农产品的副业。5月12日，文化和旅游部市场管理司印发《剧院等演出场所恢复开放疫情防控措施指南》，其中规定剧院等演出场所观众人数不得超过剧场座位数的30%，这可能导致开演复工就赔钱的局面，所以很多剧场只能选择继续等待。

为此，我们提出一些想法，疫情期间很多办公都从线下转为线上，剧场行业的线上模式可不可行呢？在疫情期间，中国歌剧舞剧院出品了全国首部线上首演音乐剧《一爱千年》，只需要花费12元，就可以在视频网站上看到整部线上音乐剧。我觉得这一全新的演出运营模式想法非常不错，值得推广。首先，线上音乐剧的受众比较广，不受地域以及时间的限制，以前的知名音乐剧或者演员阵容强大的音乐剧基本上只在北、上、广、深等一线城市演出，时间也是固定的，一般是在工作日的晚上或者周末。线上音乐剧让观众坐在家中，利用下班之后的空闲时间看部剧作为消遣，随时随地可以享受精神食粮。以前线下演出，一场观众不足千人，线上演出的观剧人数是线下的百倍，虽然票价便宜了，但从票房收入来看，不一定比现场差。其次，线上巡演还可以快速得到观众的反馈，可以根据观众反馈的意见快速、及时地作出调整，为复工之后的线下演出打好基础。第三，现在全球疫情形势严峻，市场主要是由国内原创音乐剧挑大梁。线上演出可以促使国内原创音乐剧在制作、剪辑上逐渐走向成熟。

案例九　关于提升冰球场馆人性化服务的运营管理

项目作者　杨丰源

（作者介绍：北京市第四中学学生，曾荣获全国青少年冰球比赛 u14 组冠军、中小学生电子科技竞赛二等奖等。）

随着冬奥会的日益临近，大家对冰雪运动的热情日益高涨。作为有着 8 年冰龄的冰球运动员，我亲身经历了冰球运动在北京的发展壮大。因为参赛等原因，我使用过北京所有的冰球场馆，也深深地感受到了冰球场馆人性化服务的缺失与不足之处。

我对北京现行冰场服务管理提出两点建议。

1. 提供护具消毒、烘干、保管服务，开放淋浴设施。

北京的冰球场馆硬件条件是一流的，尤其是近两年新建的场馆配套设施齐全，但由于市场化服务外包，场馆不能提供必要的护具存放及保养服务。冰球护具厚重，搬运不便，比赛训练结束后护具潮湿，汗渍异味等不能得到专业服务，场馆的淋浴设施不开放，这些都给冰球爱好者带来了诸多不便，希望提升冰场人性化服务管理水平，以促进冰球运动的发展。

2. 冰球设备维修等配套服务标准化。

由于冰球场馆的器材配套服务都是外包的，承包商没有统一服务标准，服务水平参差不齐，收费标准也不统一，影响了场馆的形象，冰球爱好者感到有诸多不便。如队员和守门员的冰刀不同，磨刀的要求也不同，但冰球馆的服务忽视了这一点，我就遇到过冰刀磨偏的情况。希望监管部门对场馆内的服务规范要求，让北京冰球场馆的服务能力赶超国际水平。

案例十　火星探测机器人

项目作者　赵辰熙　赵辰睿

（作者介绍：北京育鸿学校一年级学生，活泼开朗，爱好科学，动手能力强，对科技探索有浓厚兴趣。）

火星是太阳系中唯一与地球相似的行星，也是除地球之外唯一有可能进化出生命的行星。当前火星探测已经成为国际热点，随着当今社会科技的进步，各种技术发生了日新月异的变化，并逐渐应用在研发和设计外星探测机器人上。本文以火星探测为研究背景，设计了一款基于光伏效应的六轮火星机器人。

光伏效应六轮火星机器人由机械本体、控制系统、电源系统、传感器系统、移动终端和图像传输系统组成（如图1-30所示）。机械本体采用六轮摇臂悬架结构，构建了整个车体的运动模型，用于调整优化摇臂结构参数，提升机器人的越障能力和抗干扰能力。机械本体上搭载有六自由度机械臂，可灵活抓取。控制系统相当于人的大脑，用于控制整个系统的稳定运行，协调各个模块之间的工作。电源系统通过使用太阳能电池阵列，配合锂电池为机器人设计三种工况：当有太阳光时，系统切换到太阳能电池阵列模式，利用太阳能发电；当太阳光微弱时，采用太阳能电池阵列和锂电池组合供电方式；当没有太阳光时，

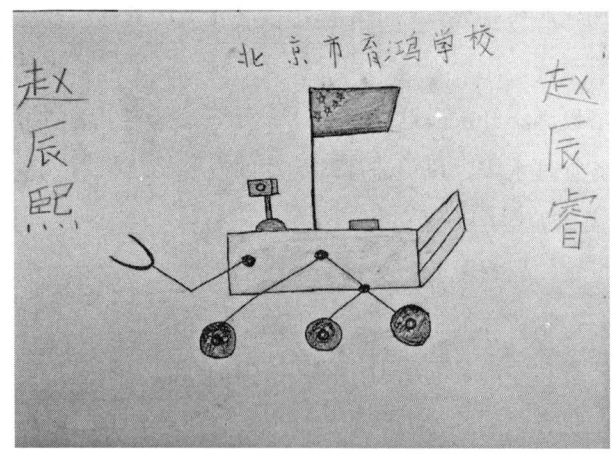

图1-30　火星探测机器人

采用锂电池供电,为机器人提供可靠的供电。传感器系统包括激光雷达、GPS、温度传感器、湿度传感器等,通过这些传感器采集相应的数据,为以后的研究提供基础。图像传输系统就像人眼,把看到的图像传回到移动终端,可以远程控制机器人执行相应的火星任务。

案例十一 提琴共鸣箱的改造设计

项目作者 杨鑫瑶 杨鑫淼

(作者简介:就读于北京城市学院广播电视编导专业,爱好打篮球、唱歌、拉小提琴,喜欢研究制作提琴和电子技术,专注执着,喜欢挑战和新鲜的事物,喜表演、会舞蹈、能编剧。)

我是一名大二学生,父亲是位制作提琴的师傅,我从小学习小提琴和音乐艺术,一直在思考如何让小提琴优美的音色发挥到极致,有什么好办法呢?

在和父亲交流探讨时,我发现也许在小提琴的共鸣箱里加上长的主梁,可以增加小提琴的共振,通过弓毛和琴弦带动琴码传递给底板,与琴箱产生的共鸣会更宽广、悠长。采用密度高的木材做主音梁(如图1-31所示),一定要选择有6条年轮线的材料,这样也会让琴声更明亮。角木之间的主梁粗细也会影响震动,一般音

图1-31 提琴主音梁和配件

柱在6毫米粗细,粗一点音柱可以发出更坚实的音色,但会损失一些共鸣的效果。反之,调整音柱的位置也是在调整琴码。在音柱和低音梁之间根据需要有专门测量音柱位置的尺子,小提琴的音柱在码脚外边缘里侧1.5毫米处和码脚后方2—2.5毫米处,音梁的位置也是相对于左码脚的外边缘向里同样的距离,这是提琴高低音均衡的基础。这些尺寸不是绝对的,加上设计的主梁更能提高音色发挥,但也要根据具体的琴做适当的调整,音柱向低音梁方

向移动可以补救低音虚弱，反方向移动可以加强高音的亮度，所以音柱与琴码间的距离决定了声音的弹性，调整这个距离可以改变声音的自由度和凝聚感，但主梁匹配要靠师傅的技能和经验调整，这需要技术含量，我也在学习这一技能。掌握好这一技能，才会让提琴声音发挥到极致。

案例十二 "城市小飞侠"城市空中交通指挥 AR 头盔

项目作者　丁思嘉

（作者简介：2020 年 6 月毕业于北京市公安局幼儿园。善于观察，热爱科学，书法作品《高山流水》《寻隐者不遇》等曾被展出。）

我妈妈是一名警察，她的工作是维护北京公交交通的秩序和安全。妈妈常和我说，北京很大，人口很多，每天都有好多人要乘坐公共交通去上班，所以交通压力很大；每天还有很多外地来的旅客，他们到北京来出差和旅游，但是北京的道路和车辆是有限的，除了路面上的汽车，还有地铁可以选择，地铁就是利用地下空间让人们避开道路上的拥挤，尽快到达想去的地方。可是在高峰时段，地铁里人也很多，也要排长队才能上车。

所以我建议利用城市的天空，修建空中道路，让汽车在天上行驶，这样地面道路就不会很拥挤，大家出行会更方便。空中行驶的交通工具可以用清洁能源，比如太阳能、风能等，减少环境污染。空中汽车也要和地面一样，有能够自动指挥它们行驶的红绿灯和交通标志。因此，我想设计一种智能 AR 头盔，驾驶员戴上它就可以看到空中各种虚拟的交通标志，也能看到红绿灯，甚至能看到虚拟的警察在空中指挥交通。头盔里有一个定位器，可以知道驾驶员和车辆行驶到了哪里，显示的画面都是周围的景象。另外，为了提醒司机注意行人、路口、堵车还有突然出现的危险，头盔里还有喇叭，及时发出提示的声音，告诉驾驶员要注意的道路情况。

如果有这样的智能头盔，驾驶员再也不用担心车辆在空中行驶的安全问题了，我给它起名叫"城市小飞侠"。

案例十三　建议在居住小区强制配备生活垃圾称重设备

项目作者　王　欣

（作者简介：北京服装学院大一学生，非常关注垃圾分类和环境保护，利用各种机会到政府机关、居住小区和垃圾处理场参观学习，积极参与有关公益活动。利用文科生的特长善于发现问题并提出具体建议，成为热爱环保的小达人。）

2021年北京全城动员，为垃圾分类投入了大量人财物力，9月份家庭厨余垃圾分出率却只有20%，北京某中心城区政府仅每年生活垃圾处理经费就达3个多亿，数字触目惊心。作为一名学习、生活在北京的大学生，切身感受到全市掀起的垃圾分类高潮。电视、报纸等媒体宣传声势浩大，很多小区从早6时到晚20时，垃圾桶站都有党员志愿者引导，专职"绿袖标"二次分拣。但是据我观察，相当一部分市民是被各种积分、奖票和奖品所吸引，并没有自觉自愿参与到垃圾分类之中，明显存在被动参与的现象。

我在垃圾站旁进行了调查，95%的居民只知道北京市人多、垃圾多、填埋场少，一部分居民错误地认为，垃圾分类是政府的工作，而忽略了自己作为城市的主人应该承担的责任和义务。根本不清楚自己及生活的家庭，每天产生了多少垃圾、每年丢弃了多少个塑料袋、多少个饮料瓶、多少厨余垃圾、污染了多少环境……处理这些垃圾的成本又是多少？我设计了北京三口之家产生生活垃圾统计表。

表1-2　北京三口之家产生生活垃圾统计表

垃圾名称	平均每天（个）	平均每月（个）	平均每年（个）	备注
塑料袋（主食、蔬菜、水果等）	5	150	2000	
各种饮料瓶	3	90	1000	
一次性塑料餐具、餐盒	2	60	720	
菜帮、菜叶、瓜果皮核等厨余垃圾	1斤	30斤	360斤	

我强烈建议全市每一个居住小区都配备生活垃圾称重设备，通过具体数字，让每位市民都明确自己每月、每年产生生活垃圾的具体数量，并在一定时间段张榜公布。通过这一投入少、效果明显的措施，引导全市居民认识到自己是生活垃圾的制造者，认识到参与垃圾分类是义不容辞的责任，由被动的"要你分"变成主动的"我要分"，争做高尚公民，为美化家园、保护环境做贡献。

案例十四　建议在中小学教材中增加"一带一路"倡议内容

项目作者　张博渊

（作者简介：阜成门外第一小学五年级学生，校大队委、三好生。多次参加北京机器人比赛、科学建议比赛，并取得优异成绩；参加宋庆龄青少中心剧场演出，并获得金奖；参加国际交流演出、央视节目录制。）

随着"一带一路"倡议的逐步推进，"一带一路"有由国家战略上升为全球战略的趋势。共建"一带一路"是中国与沿线国家的共同愿望，是人类命运共同体和平发展的创新之举。2016年7月，教育部颁布《推进共建"一带一路"教育行动》，要求教育领域为"一带一路"建设提供支撑。

目前，我国"一带一路"倡议课程建设主要涉及高等教育、职业教育，在基础教育中很少涉及。笔者调查了现在国内通用的各种版本的各个学科的中小学教材，采访了数十名基础教育阶段的各学科老师，发现中小学各学科教材中结合"一带一路"倡议的内容比较少，即使有涉及，也很不详细。

建议在中小学各个学科，如语文、英语、地理、历史、政治等学科的教材中有针对性地增加"一带一路"倡议的教学内容，以阅读篇章、学习情境、专题学习、综合实践活动等形式呈现，及时让中小学生了解国家战略，培养家国情怀；有针对性地增加沿线国家历史、语言、文化、社会、地理等方面的内容，拓宽学生国际视野，提高学生跨文化交流的能力。这是发挥基础教育在"一带一路"倡议中基础性、全局性、先导性作用的重要手段和途径，是扩大与"一带一路"沿线国家交流合作的前提条件。

案例十五　火星三球仪教具的研发与应用

作者简介：向子伦，就读于北京市西城区阜成门外第一小学。喜欢读书，在天文、科幻、机械设计等方面均有涉猎；善于思考，爱好网球等运动，围棋水平业余四段；动手能力强，设计的火星三球仪教具获得北京"小院士"项目展示活动一等奖。

在天文课教学和科普宣传活动中，因为没有火星教具，无法生动直观演示火星和火星卫星的天文现象。通过采用虚实结合的方式，我设计了火星三球仪教具，创新地提出火星人第一视角观测法和集虚实结合的火星及卫星相对运动显示方法，实现对火星及卫星相对运动的直观展示，可让学生更直观地理解火星及卫星的相对运动及产生的奇妙的星空现象（如空中有两个月亮、火卫1西升东落、火卫2东升西落），可直观地展示火星卫星与火星的相对运动关系，为科普宇宙知识提供很形象的手段，填补国内没有火星仪的空白，为研究火星和火星卫星的相对运动提供简单的计算方法，为教学应用提供计算机演示和实物教具演示。研究成果"一种火星及其卫星相对运动演示装置"申请了专利，得到中国空间技术研究院良好的专业评价，认为该教具创新性强，具有较大的科普价值。

该教具在天文课教学、学校科技活动和全国科普日都得到应用，解决了天文教学比较抽象的问题，并结合我国发射天问一号火星探测器的新闻热点，激发大家的学习兴趣。该教具在教育教学应用中，得到一致好评！

第二章

多维大脑——科技创新思维课程体系与教学案例

第一节 建构具有生活价值的学习课程体系

一、建构具有生活价值的学习课程整体设计

（一）课程选材设计理念

1. 生活即教育

为解决目前校内外科技创新思维教学难度大、比较抽象、缺乏系统课程的现状，我设计创编了特色科技课程《多维大脑——创新思维方法与应用》和教材。本课程是从青少年所熟悉的生活中选择题材，结合社会热点，展开创新思维实践活动，明确科技创新最终目标是服务社会、造福人类、拓展多学科知识、掌握综合应用方法、提升创新能力、培养青少年核心素养、立德树人。正如陶行知先生所主张的："生活即教育，生活决定教育，教育改造生活。"课程选题设计贴合生活，也有助于学生更加热爱生活，进一步改善生活品质。

2. 建构具有生活价值的学习

我精心设计课程体系，建构具有生活价值的学习，即教育教学内容源于生活，最终又回归到生活中去。从学习者身边的社会生活中，巧妙地选择教育教学素材，例如，当代社会焦点、新闻热点话题，科技前沿技术与应用或具有时

代特色的作品、概念等，既贴近学习者的日常生活，又通俗易懂，能够极大地激发学习者的好奇心和思考追问。该课程体系适用于不同层面和难度，教学素材丰富，可以是一个单元到一套课程，也可以是跨学期、跨学年的课程，还有不同风格体裁可以选择，贴近学生学习兴趣，可以向远处无限拓展。

3. 综合性课程内容利于全局性学习理解

该课程内容具有综合性，包括：观察生活、发现问题、调查研究、提出见解、设计方案、创新实践、解决问题、应用迁移、发展认知美德、提升个人综合能力。学习者从发现生活中的问题入手，大胆质疑、提出见解、找寻方法、解决问题、改善生活……螺旋式上升。通过整个研究探索过程，利于学习者全局性地学习理解创新思维方法与应用，也从中学习到多种科学知识、思想方法、实际应用能力等。

全局性学习理解的另一个含义是：在教学中应关注已知，也关注未知，需要具有未来智慧的教育视角。复杂而多变的世界，应努力培养学习者的好奇心、启发智慧、增进自主性和责任感，引导学生积极广泛、有远见地追寻有意义的学习，普及创新思维，从已知的生活中来，最后又面向未来的生活……为未知而教，为未知而学。

4. 注重以创新思维为本的教学模式

根据国家《中国教育现代化2035》要在科技教育中时刻把握思维为本的教育教学方向，切实抓好青少年创新思维的培养，从国家课程层面倡导基于大单元、大概念、大主题和基于真实情境而进行的综合性课程内容的教学改革。研究表明，综合性的课程有利于学生创新思维能力的发展。目前，我国正在进行的课程改革也渗透这样的思想。创新能力是人类改造世界的能力之一，其核心是创新思维。科技创新课程也应以创新思维的培养作为教育教学的核心，可以通过解放大脑、解放双手、解放时空来提升创新思维能力。

基于以上考虑，我设置课程教学模式有创新情境、提出问题、自主探究、合作发展、交流分享、总结延伸等环节，体现建构具有生活价值的综合性课程，利于全局性学习理解，注重培养审辨性、批判性、创造性思维能力，对知识方法进行深层理解、灵活应用。

（二）教学整体目标和策略

建构具有生活价值的课程教学整体目标和策略（如图2-1所示）。

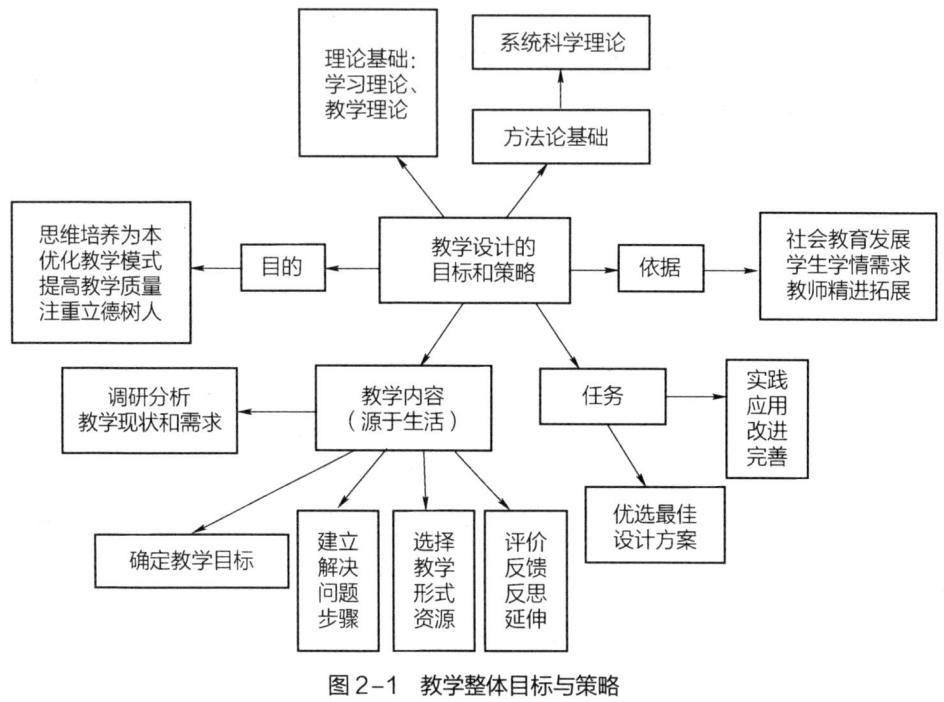

图2-1 教学整体目标与策略

（三）思维互动是课堂教学的灵魂

构建具有生活价值的学习课程，学习内容来源于生活，经过观察、发现、质疑、提出见解、自主探究、修改精进、解决问题，最终改善未来的生活……这种全局性学习理解，利于学习者积极参与课堂互动。课堂互动包括：师生互动和同伴互动；互动内容包括：情感互动、思维互动、行为互动，其中思维互动是课堂教学的灵魂（如图2-2所示）。开展多维度思维空间的学习互动，助力创新思维沿着"阻燃—可燃—自燃"的阶段发展。

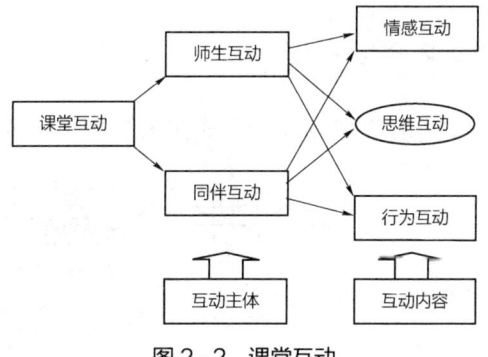

图 2-2 课堂互动

(四)围绕多维大脑"十个维度"开展教学课程

每节课的内容与第一章第一节的内容相对应(如图 2-3 所示)。

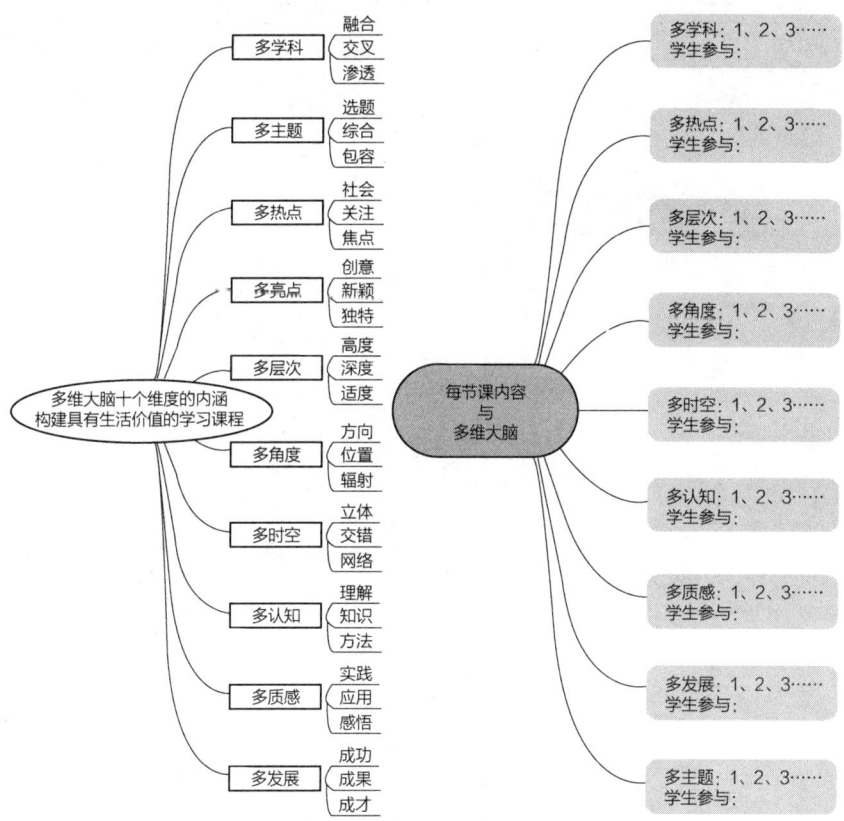

图 2-3 多维大脑课程内容的对应

（五）课程设置的内容与授课形式

具体的课程分类、内容设置和授课形式在图2-4中已列出，本章精选了笔

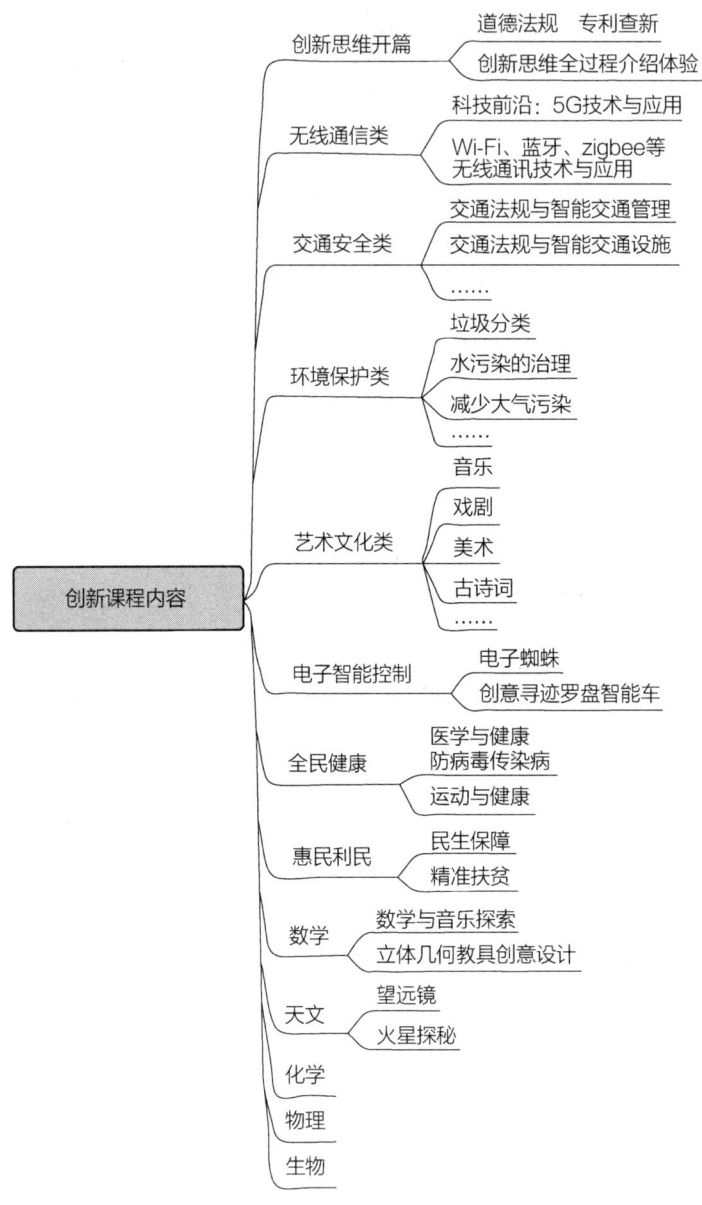

图2-4 创新课程的内容与授课形式

者自主研发的整套课程中的 12 个教学案例，包括：创新思维方法应用开篇、知识产权专利法规、5G 通信技术与应用、电子智能蜘蛛创新实践、音乐与数学的不解之谜、思维导图创意设计绘制、天文大事件火星探秘、电子音乐装置创意设计、交通安全法规与科技保障、环保戏剧创编与排演、创意设计制作报警装置和精美礼盒、快乐创新成长总结延伸等。

12 个教案都具有伸展性空间，教师可以根据时代背景、社会热点、教育发展、教学需要和学生特点，横向、纵向拓展系列课程，自由选搭内容，教学时间可伸缩、可自由发挥（部分教案附教学视频、PPT、资料等），有"自助餐"的特点。授课方式可以采用培训班教学、大型科普活动、竞赛班小班教学、教师培训指导讲座等。笔者精选的每篇教案，从课程的选题视角、设计理念、方法策略、课程特色亮点、引发学生深层思考、挖掘多维大脑、培养创新思维和实践探索能力等方面，都做了详细的教学示范说明，希望能对老师和同学们的"教与学"有所启发、有所帮助。

二、教学活动进度表

每部分内容都有延展性，教师可以根据社会热点、教学需求、学生情况，展开系列课程，自由搭配内容。下面的表格只选择了 12 个课程内容进行教学示范。

表 2-1 教学活动进度表

单元	课程主要内容	活动形式	主要活动目标
一、创新思维方法应用开篇	学习了解该课程体系的整体内容：创新思维定义的内涵、方法过程、初步感受创新应用、增强创新意识、培养创新精神。	课程教学班、大型科普活动、竞赛辅导班	1. 熟悉创新思维定义的内涵； 2. 掌握创新方法和过程、初步体验感受创新应用、激发热情； 3. 明确科技创新造福人类，培养责任意识，培养创新精神，立德树人。
二、知识产权、专利法规	学习知识产权、发明专利申请方法，学法守法，诚信厚德。	课程教学班、大型科普活动、竞赛辅导班	1. 了解知识产权的内涵和重要性； 2. 了解发明专利的申请方法流程； 3. 通过辩论会等初步应用，加深理解，增强法律意识，诚信厚德。

续表

单元	课程主要内容	活动形式	主要活动目标
三、5G 通信技术与应用	学习 5G 移动通信技术的定义、历史发展、关键技术、场景应用，感受华为 5G 的力量，激发爱国情怀和社会责任感。	课程教学班、大型科普活动、竞赛辅导班	1. 学习 5G 的概念、关键技术优势； 2. 了解代际演变的发展过程与应用； 3. 积极参与体验、小组合作、感受 5G 高度、华为高度、中国高度，为祖国科技而自豪。
四、电子智能蜘蛛创新实践	"电子蜘蛛"制作与创新应用，设计制作创意指示电路和红外感应装置。	课程教学班、竞赛辅导班	1. 正确识别各种电子元器件，依据电路原理自主设计、制作电路； 2. 学习创新方法、创意制作电路方法，实践创新作品设计制作； 3. 合作完成创意作品，建立探究创新意识，理解创新作品改变生活质量。
五、音乐与数学的不解之谜	掌握数学的特点、音乐的特点、数学与音乐的不解之缘、音乐的量化指标与非量化指标，创新探索二者之间的关系。	课程教学班、竞赛辅导班	1. 学习数学与音乐的相关知识； 2. 了解数学与音乐的不解之缘、发展历史、量化表示、探索设计方案； 3. 通过科技与艺术的结合，激发创新思维、积极参与、主动实践、增加学习乐趣。
六、思维导图的设计与画法	学习思维导图核心原理之发散思维，学习绘制思维导图的核心技巧、步骤和场景应用。	课程教学班、竞赛辅导班	1. 学习思维导图核心原理发散思维，促进创新思维发展； 2. 掌握思维导图绘制方法和过程； 3. 尝试用软件绘制思维导图。
七、天文大事件火星探测	聚焦时代热点 2020 年天文大事件，认识火星岩石的基本特征、研究方法与过程，用类比思维提高发现问题、解决问题的能力。	课程教学班、大型科普活动、竞赛辅导班	1. 了解火星岩石的形成原因和研究方法，人类可以获得哪些来自火星的信息； 2. 在教学中培养学生类比思维的能力，了解科学研究的方法； 3. 引发对火星的兴趣，用科学事例进行科学推理判断。
八、电子音乐装置创意设计制作	学习电子音乐八音盒的制作与原理、小提琴智能把位固定器的创意与设计方案。	课程教学班、竞赛辅导班	1. 学习电子八音盒装置的组件、焊接、搭建、编程； 2. 学习八音盒原理、技术与应用，尝试小提琴把位固定创意设计； 3. 通过小组合作探究学习，通过科技与艺术相结合培养创新热情，培养多维大脑。

续表

单元	课程主要内容	活动形式	主要活动目标
九、交通安全法规与科技保障	学习交通安全政策法规、懂法守法；分析生活中容易出现的交通问题和原因；科技保障交通安全，尝试创意设计方法，提高交通安全意识。	课程教学班、大型科普活动、竞赛辅导班	1. 学习交通安全法律法规，懂法守法，分析出现交通问题的原因、对策，青少年要特别注意的问题； 2. 科技创新保障交通安全的实例介绍、学生交通类创新项目分享； 3. 提出创新建议和方案，合作探究，联系实际生活，尝试学以致用。
十、环保戏剧创编与排演	结合当代环保理念、戏剧理论与探索，创编剧本、排演、自主创意设计制作服装道具等，体验感受环保与戏剧同行。	课程教学班、大型科普活动、竞赛辅导班	1. 学习践行环保理念，学习戏剧理论与实践； 2. 创编环保剧本，自主排演、自主设计制作服装道具等； 3. 激发学生的学习热情，合作探究意识，增强创新精神和社会责任感。
十一、创意制作报警装置、精美电子小礼盒	联系实际生活场景，结合所学电路知识，以报警装置为创意主题，利用电子面包板或导电胶带开展设计制作。	课程教学班、竞赛辅导班	1. 复习基本电路知识技能、电子面包板和导电胶带原理； 2. 结合实际生活，以报警装置为创意主题，探究设计制作的过程； 3. 学以致用，尝试用科技创造福人类、立德树人，激发学习热情和自信心。
十二、"我创新我快乐"之成果展示和拓展延伸	学期最后一次课，展示自主设计制作一项发明作品或创新方案，要求围绕多维大脑、创新思维的课程宗旨，体现"三自、三性"原则（之前已经布置），分组展示交流分享、总结延伸。	课程教学班大型科普活动、竞赛辅导班	1. 复习本学期学习的创新思维知识方法，构思设计一项创意作品； 2. 确定主题、绘制图纸、制作实物、改进完善； 3. 分组交流分享、总结延伸，增强科技创新解决实践问题的意识； 4. 总结拓展多维大脑后学生的研究创意成果、在学习过程中的成长及获得的成功。

三、课程教学的多种评价方式

（一）教学效果测评

1. 结合下面的评价表，采用情景性和过程性等方法检测学生参加活动的目标达成度。

表2-2 情境性和过程性教学效果评价表

测评方式	测评内容
分析小组填写活动学习记录单 分组思辨论证、设计实验、策划方案、动手创意制作	◆ 学生填写学习记录单知识原理、技术方法等情况 ◆ 学生能否思辨探究、自主设计、实验探索、优化方案 ◆ 学生能否灵活应用、举一反三、组合拓展、创意制作等
分析小组活动、成果交流、学生自评、互评、教师点评	◆ 学生参与活动的热情和积极性的程度 ◆ 学生是否有团队精神、小组合作探究学习 ◆ 学生的沟通表达能力 ◆ 学生创意作品完成质量(科学性、新颖性、实用性)评价 ◆ 学生能否联系实际、树立技术应用服务社会的意识
学校领导、老师、专家、现场听课老师、嘉宾、参与活动者等对本次活动的评介	◆ 学校对本次活动的效果、质量的认可程度 ◆ 学校和学生对本次活动和该系列课程需求和喜爱的程度 ◆ 领导、专家对课程设计和教学效果的点评 ◆ 现场嘉宾、志愿者对课程的评价反馈
其他环节设置情况	

2. 下表是学生学习应用多维大脑和创新思维的对应检测。

表2-3 学习应用多维大脑和创新思维的效果评价表

多维大脑十个维度(对应第一章)在本节课的学习应用		创新思维十种方法(对应第一章)在本节课的学习与应用	
多科学	学科:1、2、3……	发散思维和收敛性思维相结合法	应用:1、2、3…
多主题	主题:1、2、3……	逆向思维法	应用:1、2、3…
多热点	热点:1、2、3……	缺点列举法	应用:1、2、3…
多亮点	亮点:1、2、3……	观察发现法	应用:1、2、3…
多层次	层次:1、2、3……	想象法	应用:1、2、3…
多角度	角度:1、2、3……	迁移法	应用:1、2、3…
多时空	时空:1、2、3……	组合法	应用:1、2、3…
多认知	认知:1、2、3……	仿生法	应用:1、2、3…
多质感	质感:1、2、3……	BS(brain-storming)法	应用:1、2、3…
多发展	发展:1、2、3……	奥斯本检核表法	应用:1、2、3…

（二）学习课程活动评价管理

1. 采用形成性评价与期中、期末总结性评价相结合的方式，评价小组和个人成绩。

表2-4 各小组和个人成绩评价表

评价指标 \ 各小组成绩和个人成绩	第__小组 学生姓名：	第__小组 学生姓名：	第__小组 学生姓名：	第__小组 学生姓名：
1. 每次活动小结（分数[0，10]）				
2. 期中综合评价（出勤、平时情况、阶段性作业完成情况）（分数[0，20]）				
3. 期末综合评价（出勤、平时情况、期中评价、结业作业完成情况）（分数[0，30]）				
4. 举办展览、成果汇报（分数[0，30]）				
5. 拓展延伸、创新课题研究（分数[0，10]）				
个人合计分数： 小组合计得分：				

2. 每次活动学生的出勤、活动表现、作业完成、参与展示、团队协作情况，评价表如下：

表2-5 小组团队协作评价表（小组自评）

组长		组员	
小组合作情况评价			
组长所做组织工作	很好	一般	差
小组合作情况	很好	一般	差
小组活动中遇到什么困难，如何克服：			
小组活动中谁在哪些方面表现最突出，其突出之处是什么：			
小组活动中存在哪些不足，对于以后有什么启发：			
简要分析小组成绩和不足：			
组长签名： 组员签名： 日期：			

表2-6 各小组成绩和个人成绩量化表（自评、互评）

评价指标 \ 各小组成绩和个人成绩	第__小组 学生姓名：	第__小组 学生姓名：	第__小组 学生姓名：	第__小组 学生姓名：
1. 每次课出勤情况（分数[0, 20]）				
2. 积极参与课堂活动（分数[0, 20]）				
3. 认真完成每次课堂作业（分数[0, 20]）				
4. 勇于表达自己的创新想法、发言声音洪亮、作品展示讲解清晰（分数[0, 10]）				
5. 在展示中能体现出与组员的团结与合作（分数[0, 10]）				
6. 课堂总结收获体会（分数[0, 20]）				
个人合计分数： 小组合计分组：				

第二节 课程系列案例精选

课程教案一 创新发明的思维探索

一、教学依据

（一）社会发展和教育教学课程的需求

大众创业、万众创新已成为时代精神，创新能力是民族进步的灵魂，是一个国家发展的不竭动力。当前，创新已经成为我国人才培养战略的重心，唯创新者进，唯创新者强，唯创新者胜。《科学素质发展纲要》提出："提高未成年人科学素质，使他们掌握必要和基本的科学知识与技能，了解科学探究过程与方法，更重要的是激发他们对科学的兴趣、培养创新意识和实践能力。"创新能力的核心是创新思维，青少年创新教育应以思维为本，提升科学素养。需要研发培养创新思维的系统课程，有效落实"以思维为本"的教育理念，让创新思维沿着"阻燃—可燃—自燃"三个阶段精进。

（二）学生学情分析

同学们对创新活动很感兴趣，但也存在着一定的困惑，创新思维教学比较抽象，学生们感觉很难，比如：从哪里入手、具体怎么开展探究、要做哪些准备、遇到困难怎么解决、科技创新到底是什么、创新实践全过程的感受……

基于以上问题，笔者从如何选题、准备、实施、结论等环节巧妙构思，设计了本节课，明确了发明知识、创新思维方法、思维流程、多维大脑、维度含义、尝试应用等。科技探索需要持之以恒的精神、不断克服困难，其原动力是社会责任感和使命感。

二、教学目标

（一）知识与技能

了解课程整体内容，学习十个维度的内涵、创新发明相关知识技能，明确创新发明来源于生活、解决实际问题，最终又回归生活，终极目标是服务社会。

（二）过程与方法

掌握创新思维的方法，了解体验探究的全过程，增强学生学科学、爱科学、用科学解决生活问题的意识。

（三）情感态度与价值观

积极参与，初步尝试创新应用，培养创新探索精神和社会责任感。

三、教学重、难点

重点：学习掌握十个维度的内涵、创新思维的知识与方法，明确科技创新终将为社会服务。

难点：培养具有生活价值的全局性学习、思考的能力，初步尝试创新应用。

四、教学对象、规模

热爱科技创新的中小学生，课程教学班或大型科普活动、竞赛辅导班。

五、教学内容与形式

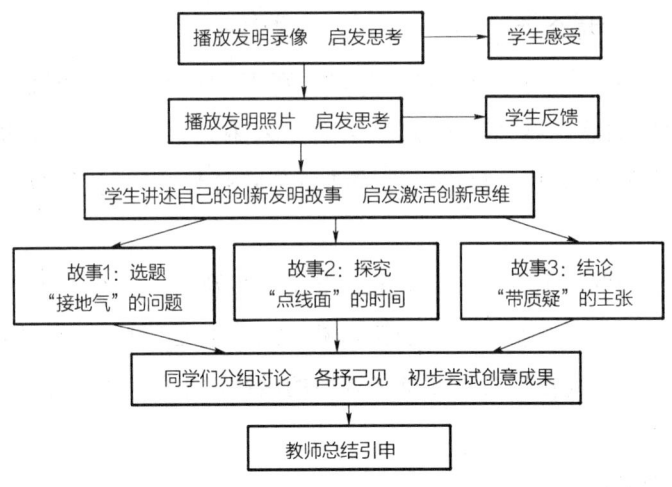

图2-5 教学内容与形式

六、教学准备

资源准备：教案、学习记录单、PPT、多媒体设备、安全预案等。

环境准备：科技馆或学校活动教室的环境布置、场景设置。

七、教学地点、时间

科技馆、学校的电子教室或活动教室；时长为90分钟。

八、教学过程

表2-7 教学过程

活动步骤	教师活动	学生活动	设计意图
情境导入	**讲述**：整体课程内容概要，提出悬念，即多维大脑、创新思维、具有生活价值的学习过程、全局性思考理解等的内涵是什么？带着这些问题，开始我们的课程吧。 **引导**：看一段视频，请说明这是什么？你的体会感受如何？ **承上启下**：创新需要执着的精神和不断改进方法，具体怎么做呢？开始我们今天的学习。	听讲、看视频、回答问题、各抒己见。	用幽默诙谐、意味深长的发明录像，吸引学生的关注，引发思考。 利用白板截屏的功能进行辅助教学、重点回顾。

续表

活动步骤	教师活动	学生活动	设计意图
提出问题	**启发**：展示几张发明图片，灵感来自哪里？说明了什么？ **分析**：在生活中发现问题是创新发明的重要源泉和理论依据。	辨析图片、小组讨论、发散回答问题、多样化。	发明创新大多源于生活中的烦恼，最终的目标是服务社会； 用白板聚光灯技术辅助教学。
讲述探索故事，归纳小结	**邀请**：请上一届开展科技创新活动的学生代表讲述自己在创新活动中难忘的经历。 故事1："接地气"的问题； 故事2："点线面"的实践； 故事3："待质疑"的主张。 **启发**：思考、探索过程包括哪些？需要哪些条件才能成功？填写学习记录单。 **点评小结**： 1. 选题视角围绕身边的生活； 2. 创新发明过程：选题、准备、设计、实施、改进等环节； 2. 科学、技术、数学、工程、艺术等多学科知识方法应用； 3. 创新思维、逻辑思维、批判思维、辩证思维、发散思维等； 4. 执着探索，克服困难； 5. 流程：问题—假设—分析—结论。	请三位同学每人从发明的一个环节或侧面进行讲解：如何选题？设计方案如何改进？遇到了什么困难、怎么克服？体会和收获是什么？ 其他同学认真聆听、小组填写如下学习记录单： 第__小组　姓名： 选题视角分析： 探索全过程包括： 需要哪些学科知识： 需要哪些思维能力： 过程顺利吗？ 思维流程： 各组讨论交流。	了解来源于生活的发明创新的全过程，感受探索精神，努力克服困难，并持之以恒。 培养学生语言表达能力，沟通分享成果，提高综合能力，课内外知识、走向社会、合作意识。 利用白板教学技术灵活完成非预设内容和图形标注库等。
十个维度、创新思维的定义与方法、初步应用	**讲述**：建构具有生活价值的学习，多维大脑十个维度的内涵、创新思维的定义与方法。 **启发**：创新思维应用举例，鼓励学生举一反三、灵活迁移。 **热身**：选择本书第一章第三节中的创新思维训练题，如例1、例2进行热身训练。 **引导**：结合以上内容，请分组尝试创新应用，写出初步的创新建议或创意方案设计。	认真听并记录多维大脑和创新思维的方法。 以小组为单位，联系生活实际发现问题，提出初步的创意想法，各组进行分享和评价，感受创新初探。填写学习记录单。 第__小组　姓名： 写出建议或设计方案，并说明运用了哪些创新思维方法？与十个维度有哪些联系？ 尝试创新思维训练，转变传统的"自动驾驶"的模式。	明确课程宗旨，以培养创新思维为主线，围绕生活开展创意选题、多维度、多学科、多主题、多热点……思考发现、举一反三、推陈出新。 打破思维定式，逐步从"阻燃"发展到"可燃"。

续表

活动步骤	教师活动	学生活动	设计意图
总结提升	**评价**：鼓励、肯定学生的创意。 **强调**：陶行知先生说：人人是创造之人。坚信每个人都有创造力，这是国家发展的源动力。通过该课程的学习，助力创新探索，挖掘创新思维的潜质。 **提升**：发现问题大胆质疑，培养创新精神、创新的意志品质。 **延伸拓展**：学生提出科学建议、科技创新发明设计方案。 **提出要求**：学期末，同学们展示每人或每个小组相对完整的创意成果，形成论文方案或发明制作，并持续做好准备工作，做到安全、创新、合作、应用、分享。	聆听、复习回顾。 记录作业要求，有创新探索的欲望并跃跃欲试。	课程宗旨、每节课的内容与多维大脑培养目标对应检测。 将科技创新思维培养贯穿始终，并延伸拓展到课后。

九、教学效果测评（见第二章第一节表 2-2、2-3）

十、附件（略）

课程教案二　我身边的知识产权与保护

一、教学依据

（一）社会发展和课程改革的需求

在目前的大背景下，坚定创新自信，鼓励原创，万众创业，大众创新，我们每个人都是各种智力成果的创造者，发明、外观设计、文学艺术、商业标志等都拥有知识产权。生活中的书包、衣服、食品等都隐藏着与知识产权有关的细节，与我们的生活密切相关。4月6日是国际知识产权日，青少年开展科技创新课程教学，应将科技与德育教育相结合，不但要学习知识、方法，更要提升道德情操水平，所以，有必要在课上普及知识产权的法律知识，护法维权，诚信守法。

（二）学生学情分析

关于知识产权及其保护，学生从法律的角度接触不多，大多是在生活中听到过相关侵权或维权事件，结合科技创新活动，希望能进一步理解学习知识产权法规的重要性。对于创新研究成果，专利申请（或查新）是非常必要的，学生渴望学习专利申请的方法、流程和步骤。本节课教师可以根据科技创新的学习需求，弹性讲解相关知识产权申请专利及查新报告的具体写法、申请步骤等。

二、教学目标

（一）知识与技能

学习掌握知识产权的含义、内容、法律法规，认识国家保护专利权的重要性。

（二）过程与方法

了解创新项目专利申请和查新报告鉴定的过程与方法；了解专利的作用，学习有关规定和专利申请办法。

（三）情感态度与价值观

增强法制观念，自觉抵制各种侵犯知识产权的现象；了解保护知识产权的方法和途径，做到知法守法、诚实守信。

三、教学重、难点

重点：了解专利权的含义和种类，了解国家保护专利权的必要性和重要性，激发学生勇于创新和自觉维护知识产权的意识。

难点：掌握申请专利的流程、查新报告的撰写及其申请，提高自觉维护专利权的意识和能力。

四、教学对象

热爱科技创新研究探索的中小学生，应用于课程教学班、竞赛班或大型科技活动。

五、教学内容与形式

图 2-6　教学内容与形式

六、教学准备

教学资源：收集查阅知识产权相关资料，布置辩题，组建正方、反方代表队、多媒体、电子白板、PPT、教案、学习记录单。

环境准备：活动教室辩论会场的布置、展板、背板、横幅、桌椅摆放等。

七、教学地点、时间

科技馆、学校的活动教室；时长为90分钟。

八、教学过程

表2-8 教学过程

活动步骤	教师活动	学生活动	设计意图
情境导入	**讲述**：创业者的故事。展示案例：一名打工者的成功之路，专利助他走向成功。 **启发**：请同学们讨论并发表自己的观点，说说在靠科技创造财富的同时，不能缺少什么？ **提问**：请同学们展示课前准备的资料，说说你们了解的知识产权的相关知识。	讨论、发言。依靠科技创新发明创造成功，也要有法律保护。 举例，各抒己见。 根据课前收集的资料回答问题。	通过创业者的故事，激发学习知识产权、专利权的热情。 创造财富不仅要靠科技创新，还要有法律保护。
知识产权法律保护	结合学生搜集了解的情况， **讲解**： 1. 知识产权的定义和重要性。 2. 知识产权包括哪几类？ 3. 什么是专利权？ 4. 专利权的种类。 5. 专利的作用。 **分析**：法律对知识产权、专利权的规定，善于运用法律武器，不侵犯他人权力，也要维护自己的合法权益，促进整个社会形成尊重知识、尊重创造的氛围。 **启发**：在生活中，同学们接触过专利申请吗？申请专利的条件、流程和方法有哪些？专利保护创新成果。	聆听、思考。 填写学习记录单，加深对知识产权、专利法的理解。 根据课前预习情况，分组回答对专利申请的初步认识。	掌握知识产权、专利权的含义、种类、重要性和必要性。 勇于创造，有创新成果时要有及时申请专利的意识，保护创新成果。 要善于用法律武器维护专利人的合法权益，不能有违反专利法的行为。

续表

活动步骤	教师活动	学生活动	设计意图
专利申请方法流程	**讲解**：（链接"国家知识产权局中国专利电子申请网"） 1. 专利申请的条件。 2. 专利申请流程：专利申请文件的填写、专利申请受理、缴纳申请费、专利审批、修改和补正、答复专利局各种通知书、办理专利权登记手续等。可以到专利局大厅办理，也可以在网上办理。 3. 申请书的写法：从国家知识产权局网下载申请表格，按照表格内容撰写不同类别的专利申请书。 **拓展**：按照专业查新部门提供的模板，填写查新报告的具体内容。通过专业部门审核，给予查新鉴定报告。 **分析**：申请专利（或查新），既鉴定该成果的创新性、科学性，也可以保护发明者知识产权，非常必要且重要。	聆听、记录要点，填写学习记录单。 登录网站，学习专利申请方法、流程和相关法律法规。 了解学习查新报告的格式和内容要求、撰写方法和申报流程。	学习申请专利的流程、不同类别的专利的具体写法、注意事项等。 掌握查新报告的写法和申请流程。 明确专利申请和科技查新对科研成果的重要意义：既是鉴定科学性、新颖性，也是保护发明者的权利。
主题辩论理解应用	**确定辩题**：通过现场抽签，从"传统文化需要知识产权的保护吗？""知识产权与知识发展的利与弊？""我国传统民间技艺应该受到知识产权的保护吗？"三个辩题中，随机抽取一个辩题。 **确定正反方**：抽签决定本场正方和反方。 **强调**：遵守辩论规则、要求和评分标准。 **宣布**：辩论会开始。 **收集**：收集并统计观众评分，下节课公布成绩。 **点评**：辩论会情况。	确定辩论主题、正反双方。正、反方每队4位辩手，在场上展开辩论。 其他学生在观众席认真观看，并按要求打分。 辩论展开：第一阶段是陈述论点。正方一辩发言、反方一辩发言，正方二辩发言、反方二辩发言。 第二阶段是攻辩阶段。正方三辩提问，反方一人回答；反方重复一遍。 第三阶段为自由辩论阶段。正、反方同学自动轮流发言。自由辩提倡积极交锋，一方提问，对方应答。 第四阶段为结辩阶段。辩论双方针对辩论会整体态势进行总结陈词。	从激发学生兴趣与引发学生思考入手，培养学生自学、主动学习、主动思维的能力。 通过辩论会将所学法律知识灵活应用，加深理解认识，培养思辨能力、分析能力、表达能力、团队合作意识。

续表

活动步骤	教师活动	学生活动	设计意图
总结提升 延伸应用	复习知识产权、专利权的内涵和重要意义，掌握专利申请的方法流程、专利（查新）报告的撰写方法。 以案例辩题分析、思考、论证为例，加深理解，提升认知和应用。 请思考其他两个辩题。	思考、回顾、记录作业，积极准备下一场辩论会。	灵活运用专利法知识，学会举一反三；增强法制观念，自觉抵制各种侵犯知识产权的现象，维护技术产权交易市场健康发展。

九、教学效果测评（见第二章第一节表 2-2、2-3）

十、附件（略）

课程教案三　5G 移动通信技术与应用

一、教学依据

（一）社会发展和教育教学的需要

移动通信技术自诞生以来已成为连接人类社会的基础信息网络，移动通信深刻改变了人们的生活方式，推动着社会的发展。面向 2020 年，5G 已成为全球的热点、焦点，成为全球科技竞争的制高点，我们迎来了 5G 新时代。5G 技术领军当属华为，5G 在各方面的广泛应用，体现了科技的力量、华为的力量，更是中国的力量！

（二）学生学情分析

同学们对当代科技前沿 5G 技术知识的应用非常感兴趣，渴望系统地学习和了解 5G 概念、5G 发展、关键技术、特色优势、场景应用等 5G 移动通信技术与应用，希望全方位地体验和感受 5G 全景覆盖、万物互联，并自主创意设计 5G 应用愿景。根据学生的具体情况，教师可自选《科技前沿 5G 介绍》（扫描二维码）中的内容，来开展教学活动。

二、教学目标

（一）知识与技能

学习了解 5G 概念、5G 关键技术、移动通信技术代际演变、新型网络结构和重要网络技术，明确 5G 系统的相关知识原理、技术路线等。

（二）过程与方法

学习 5G 核心指标、标准进展、研发方法、发展过程、华为 5G 优势特色和应用场景，激发学习热情，感受科技创新方法、过程与应用。

（三）情感态度与价值观

5G 时代万物互联，感受科技创新的终极目标是服务社会、造福人类、推动社会发展，增强社会责任感，增强创新精神，执着追求，不畏艰辛，勇攀科学高峰，为我国移动通信技术领域在全世界的突出成就而自豪。

三、教学重、难点

重点：学习了解 5G 概念、代际演变、新增技术与应用，懂得科技造福人类、科技强国。

难点：掌握关键技术、多学科知识融合、创新方法综合的应用迁移。

四、教学对象

中小学生，应用于课程教学班（培训）或全校、某些年级（大型普及活动）。

五、教学内容与形式

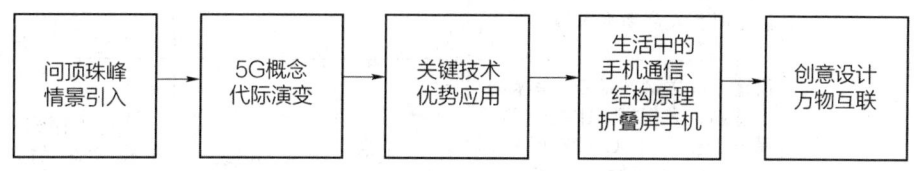

图 2-7　教学内容与形式

六、教学准备

资源准备：5G 科普知识资料、视频动画、教案、学习记录单、PPT、多媒体。

教学环境：学校或科技馆的计算机教室或活动教室。

七、教学地点、时间

科技馆或学校的计算机教室、信息教室、活动教室；时长为 90 分钟。

八、教学过程

表 2-9 教学过程

活动步骤	教师活动	学生活动	设计意图
情境导入	**引导**：观看视频：2020.5.22 华为 5G 助力珠峰登顶测高，并分享看后感想。请再举出 5G 在生活中应用的例子。（扫描 P64 二维码） **小结**：5G 的高度、科技高度、中国高度！ **承上启下**：学习 5G 核心概念、通信技术代际发展演变、关键技术、手机如何通信、5G 应用。	认真观看，结合课前查阅收集的资料，思考回答感想：科技前沿、令人震撼、科技强国、为国家自豪等。 各抒己见：5G 应用场景。	华为助力珠峰测高、5G 万物互联，激发学习兴趣和爱国热情。
5G 定义和通信技术代际发展	**引导**：课前通过查阅、搜索资料，同学们对 5G 相关知识的应用有了初步了解，请分组说说 5G 的概念、移动通信技术代际发展演变、产生新一代移动通信技术的原因。 **播放**：通信技术代际演变视频。 **归纳**：5G 概念、代际特点、5G 实力综合体系，解决的问题、满足时代发展新需求等。	各组发言概述对 5G 和移动通信技术的预习理解。 谈论、回答问题。	提前布置对 5G 知识的查阅收集，提高自主探究学习的能力。 通过视频，直观形象地讲述移动技术的发展变化。
5G 关键技术、应用场景	**讲述**：5G 关键技术——毫米波、小基站、大规模 MIMO、波束赋形、全双工、5G 网络切片技术等的重要性能指标、创新性等。 **应用举例**：5G 应用十大场景，例如：万物互联、全境覆盖。 **演示讲解**：结合学生发言内容，详细讲解应用场景和原理流程。在手机或电脑上体验感受软件和虚拟网络平台。 **评价、小节**：（略）	学习、聆听、理解、记录。 结合收集的资料发言共享，例如：5G＋教育、无人驾驶、医疗、红外测温成像、安全监测、金融银行业务等。 操作体验 5G 万物互联，感受高科技带来的震撼。	培养自主探究和合作学习的能力、语言表达能力，分享成果。 操作体验 5G 应用软件、虚拟网络平台，感受 5G 给人类生活和社会发展提供的无限可能。

续表

活动步骤	教师活动	学生活动	设计意图
手机通信原理、华为5G折叠屏手机	**引导**：说到移动通信技术会让我们马上想到手机，手机是如何通信的？原理是什么？ **演示分析讲解**：利用动画视频详细分析手机通信原理流程、基站的特点应用。 **介绍**：华为5G折叠屏手机的特色优势、手机结构软硬件功能、与4G手机的区别。 （演示动画扫描P64二维码）	思考、聆听、记录。 身临其境地感受通话的过程，了解"千里之外的通话"是怎样实现的，即手机与基站通信原理流程。 感受华为5G折叠屏手机的特色、科技的力量。 各抒己见，也可对比其他款折叠屏手机分析其优越性。	贴近生活，体现构建具有生活价值的学习，引起共鸣，激发求知探索的渴望。 体验感受高科技推动社会发展、造福人类；激励学生认真学习基础知识，学以致用，有前瞻性，用新技术改善生活。
回顾总结、创意引申	**总结回顾**：5G技术知识与应用、5G创新性，有哪些创新思维新方法？工程师是如何发现问题，并不断改进完善技术的？对于5G应用，你有哪些自己的设想？填写学习任务单。 **分析理解**："中国5G之花"、5G应用愿景："信息随心至，万物触手及。" **创意延伸**：分组创意设计有关5G应用场景实例，撰写方案、绘制草图，为智能城市建设建言献策并交流。	复习回顾，填写学习记录单。 有创新的欲望，展望5G愿景，尝试应用。 初步创意、交流分享、延伸到下节课。	复习回顾，总结提升，举一反三，尝试创意设计。 科技创新教育贯穿始终，延伸拓展到课后。

九、教学效果测评（参考第二章第一节表2-2、2-3）

十、附件（略）

课程教案四 "电子蜘蛛"的制作与创新应用

一、教学依据

（一）社会发展和教育教学课程的需求

根据国家人才培养战略部署"大众创新、大国工匠"，依据"两会"强调的创新发展，结合深化校外教育供给侧改革、加强校外教育机构教师队伍建设、提升全市校外教育质量，依托笔者承担的科研课题研发系列电子创新教具和课程，考虑已有"机械蜘蛛"套材教学功能比较单一，笔者自主研发了"电子蜘蛛"教具，使教学功能更丰富。本次活动，学生通过动手制作"电子蜘蛛"，比较与"机械蜘蛛"结构、功能的区别与联系，体验感受创新方法，并在新教具的启发下，利用已学电路进行创意设计制作。

（二）学生学情需要

本次活动的对象是有一定电子知识基础和动手能力的中小学生，学生已不满足于制作指定套材电路，对尝试自主设计完成一个电子作品很感兴趣，渴望探究电子技术的实用性、用所学技术解决实际问题。基于以上原因，我设计实施了本次教学活动。

二、教学目标

（一）知识与技能

正确识别各种电子元器件，依据电路原理自主设计、自主制作创意指示电路和红外感应电路应用。

（二）过程与方法

了解创新方法，掌握组合拓展创意设计制作电路的方法，尝试实践创新作品设计制作的过程。

（三）情感态度与价值观

积极参与活动，在合作完成创意作品的过程中，初步建立探究创新意识，树立技术应用改善生活、造福人类的意识。

三、教学重、难点

在"电子蜘蛛"学具的启发下，学生能灵活应用电子元器件知识和电路原理，组合拓展、尝试创意设计制作指示电路和红外感应电路。

四、教学对象

有电子技术基础、热爱科技创新的中小学生，应用于课程教学班或竞赛班。

五、教学内容与形式

图2-8 教学内容与形式

六、教学准备

资源准备：教师自主研发电子蜘蛛学具、电子材料和工具、小组学习活动记录单、小组自评互评表格、安全预案、复习资源、PPT、多媒体设备。

环境准备：电子实验室和活动教室的布置、场景设计。

七、教学地点、时间

科技馆、学校的电子教室或活动教室；时长 90 分钟。

八、教学过程

表 2-10 教学过程

活动步骤	教师活动	学生活动	设计意图
情境导入	**讲述**：上次制作的"机械蜘蛛"的工作原理、行走方式。 **介绍**：教师自主研发的"电子蜘蛛"学具（扫描二维码）。 **引导**：观察、对比与"机械蜘蛛"有哪些相同和不同。	听讲、回忆上次活动、回答问题。 比较"电子蜘蛛"与"机械蜘蛛"结构和功能的联系与区别。	复习回顾，了解知新。 教师用自制蜘蛛学具激发学生的学习兴趣，初步了解创新方法。
制作电子蜘蛛	**分发**："电子蜘蛛"学具套材（已有的机械蜘蛛爪子、教师自主研发的电路板、底板、自主研发的软件平台、图形化编程、无线通信模块、马达）。 **引领**：分组制作"电子蜘蛛"，提出制作要求——安全、准确。	熟悉"电子蜘蛛"套材。 聆听、记录。 明确任务，动手制作"电子蜘蛛"。	为制作"电子蜘蛛"做好准备。
	分析："电子蜘蛛"学具的发明原因、研发过程、发明方法？对比机械蜘蛛结构，如何组合拓展？	聆听、记录。 回答问题：在机械结构基础上增加了电子技术、智能控制、无线通信原理，蜘蛛运动方式呈多样化趋势。	通过动手制作"电子蜘蛛"，感受创新方法，即利用组合拓展的方法，在变化中创新，由"机械蜘蛛"到"电子蜘蛛"，激发学习乐趣和创新热情。

续表

活动步骤	教师活动	学生活动	设计意图
启发创意	**多角度引导启发创意思路：** **启发1**：结合"电子蜘蛛"拓展组合变化的创新方法，在已学电路原理基础上创意制作。 **启发2**：界定本次"创意"的内涵，只要跟之前学过的电路有不同（材料、方法、功能等）即可。 **启发3**：复习回顾电子元器件、电路原理图，并举例分析电路变化，启发创意： （1）例：光控指示电路。 （2）例：红外感电路工作原理。（原理图扫描P69二维码）。 **启发4**：联系实际问题，寻找创意制作的切入点。	聆听、回顾、记录。 明确创意制作任务，在材料、方法、功能方面跟之前学过的电路有不同。 复习回顾、归纳记录、开阔思路，填写下表： | 第__小组		姓名：	
电子元器件名称：			
复习绘制电路图：			
创意电路名称		手绘电路图	
选择元器件、机械配件名称		改进思路	
				  分组完成小组活动记录单相应内容的填写，复习绘制工作电路图。 各抒己见，关注生活，选择创新点，为创意设计制作做好准备。	明确本次创意的界定和任务，引导、鼓励、启迪学生尝试创新应用。 利用以前学过的指示电路和红外感应电路应用，组合拓展、创意设计制作。 复习电路知识原理、分析电路变化。 灵活应用，启发学生思路，为创意设计制作电路做好准备。增强发现问题、应用所学技术解决问题的能力和改善生活的意识。
创意设计制作电路	**引导**：分组设计制作，创意指示电路和红外感应电路的应用。 **提出要求**：安全、创新、合作、应用、分享。 观察巡视各组、分析指导、纠正完善、鼓励引导。	聆听、归纳记录，结合学习记录单明确本次任务。组长、组员分别负责创意设计、画图、搭建、展示及表达。 自主活动：以小组为单位选择材料、构思实验电路，讨论设计思路和制作方法。 绘制电路图、搭建电路、完善改进调试，完成创意制作。 分组完成活动记录单的填写。	明确创意制作的要求。 培养学生自主探究和合作学习的能力。 初步尝试创新，并不断改进完善、坚持不懈、精益求精。

续表

活动步骤	教师活动	学生活动	设计意图
分享评价总结	**引导**：学生从作品的科学性、新颖性、实用性及团队合作的情况和表达展示成果等方面对创意制作进行分析和评价。 **点评**：各组展示交流成果，教师给予鼓励。	各小组展示交流创意制作，分享成功喜悦、收获体会。小组自评互评，填写评价表格。	检测各组作品完成的情况。 培养学生语言表达、沟通能力及合作意识，分享成果。
	总结提升： 1. 鼓励创新，能发现问题并寻求方法，逐步改进完善并应用所学服务社会，增强社会责任感。 2. 培养科学精神、科学态度、科学素养。 3. 延伸拓展：学生提出科学建议或科技创新小发明。	聆听、回顾、记录。 记录作业要求，有创新欲望，并跃跃欲试。	肯定学生的探究创新意识，鼓励学生树立通过技术应用改善生活、造福人类的意识。 延伸拓展到课后。

九、教学效果测评（见第二章第一节表 2–2、2–3）

十、附件（略）

课程教案五　探寻音乐与数学的不解之缘

一、教学依据

（一）社会发展和教育教学发展的需求

数学与音乐的联系是一个既古老又年轻的课题。人类对数学与音乐的研究可追溯到公元前六世纪，毕达哥拉斯、伽利略、傅立叶等科学家对此都有过研究。我们所知道的乐理知识体系的基础，即组成音阶的基本音（如西方的 do、re、mi、fa、sol、la、xi，我国的宫、商、角、徵、羽等）就是由数学计算得到的。现代社会对于数学与音乐的跨学科研究还在继续，这也是音乐发展需要解决的问题。

生活中处处有数学，将抽象的数学活动变为感知美、欣赏美、表现美、创造美的综合审美活动，能促进学生热爱数学，学好数学。作为人类文明和智慧的结晶,数学本身又蕴含着探求未知世界、追求科学真理的功能。以音乐为载体,搭建与数学之间的桥梁,跨学科综合实践,培养认识美与创造美的能力,也是美育教育和素质教育的目标。

(二)学生学情分析

学生普遍认为数学比较抽象、枯燥,理解和应用有一定难度;感觉数学距离自己很远,属于逻辑思维领域,感受不到其中的艺术美和创造性,也从来没在数学课上做过实验,缺少全局性学习理解的体验过程;渴望尝试理科教学与艺术教学相结合,在逻辑思辨中动手设计实验,通过研究性学习探索出全新的创意成果。

二、教学目标

(一)知识与技能

学习数学知识、乐器知识、录音软件知识、音乐理论知识和技能及二者相关知识的衔接和关联。

(二)过程与方法

了解数学与音乐的发展史,学习探究方法,设计多种实验,体验音乐与数学之间的联系。

(三)情感态度与价值观

对课程产生浓厚兴趣,并积极参与、热情创意、自主探究、团队合作、分享实验成果,在活动中提升学生对数学和音乐的审美能力,积极主动地感知美、欣赏美、表现美和创造美。学习科学发展史,也能培养科学精神、科学态度,执着追求探索。

三、教学重、难点

重点:学习数学和音乐的相关知识、发展史、音乐录制软件,掌握实验方法与过程。

难点:探索数学与音乐的关系,设计实验方案,结合创新方法得出创新成果。

四、教学对象

热爱科技创新、参与综合实践的中小学生,应用于课程教学班或竞赛班。

五、教学内容与形式

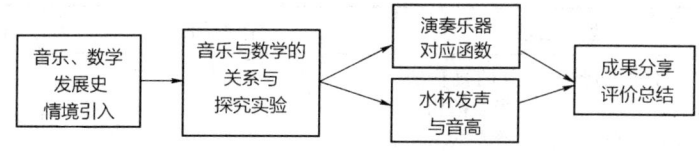

图2-9 教学内容与形式

六、教学准备

资源准备：钢琴（电子琴）、小提琴、鼓、玻璃杯、量杯、水、游标卡尺、音乐制作软件和使用方法、教案、学习记录单、PPT。

环境资源：教室里各种实验物品的摆放、布置等。

七、教学地点、时间

科技馆、学校的活动教室、音乐教室、排练室；时长90分钟。

八、教学过程

表2-11 教学过程

教学过程	教师活动	学生活动	设计意图
情境导入	引入：数学会与音乐有关系吗？提前请学生们分小组从生活中搜集材料，并说说初步认识。 点评：音乐与数学密不可分。例如，弦发声问题。一根弦每秒振动243次，就称这根弦振动的频率为243赫兹；频率越高，音越高。以我国无声音阶和梅森的四个基本规律为例，填写学习记录单。 答案：1. 五声音阶：宫、商、角、徵、羽。 2. 梅森基本规律： （1）弦振动的频率与弦长成反比。密度、粗细、张力都相同的弦，长度越长，频率越低；长度越短，频率越高。 （2）弦振动的频率与作用在弦上的张力的平方根成正比。如小提琴调音时，把弦时而拉紧、时而放松，调整弦的张力。	讲述：古代中国的三分损益律约在春秋战国时期产生，相传由管仲在《管子.地员篇》中首先提出。 数学家毕达哥拉斯也是音乐理论的鼻祖，他在音乐理论中阐明了单弦的乐音与弦长的关系。 填写学习记录单。 | 第__小组	姓名： | | --- | --- | 1. 我国创设的五声音阶： 2. 梅森基本规律： （1）弦振动的频率与弦长的关系。 （2）弦振动的频率与作用在弦上的张力的量化关系。 （3）弦振动的频率与弦的直径的关系。 （4）弦振动的频率与弦的密度的关系。	了解数学发展史和音乐发展史，感受发明、发现和探索的乐趣。 激发学习兴趣，自主学习资料，学习科学探索精神。

续表

教学过程	教师活动	学生活动	设计意图
情境导入	（3）弦振动频率与弦的直径成反比。密度、长度、张力都相同的弦，直径越大，频率越低。 （4）弦振动的频率与弦的密度的平方根成正比。 **启发1**：古代中国、希腊、埃及和巴比伦等国对此都做了研究，我们能否进行新的探索呢？ **启发2**：围绕多维大脑创新思维方法开展实验设计活动。	分组讨论，各抒己见。	点明本节课的探究内容和具体要求。
数学与音乐相关知识原理	**讲解**：音高与频率的关系。 1. 振动物体对周围空气发生作用，产生的声波向四面八方传播出去，传入我们的耳朵，成为声音。 2. 音高的物理表达就是频率，频率指的是物体在单位时间内振动的次数。一般地，我们以一秒为单位时间，物体每秒振动的次数称之为多少赫兹或多少赫。 3. 介绍律学，即对构成乐制的各音，依据"声学"原理、运用数学方法来研究各音间相互关系的一门学科。 例如：纯律七声音阶 	音名	与主音频率比
---	---
C	1
D	9/8
E	5/4
F	4/3
D	4/3
A	5/3
B	15/8 | 十二平均律、五度相生十二律等。 **分析**：多种数学函数——直线型、指数型、抛物线型等。	认真聆听、受到启迪、开阔眼界、拓宽思路。 填写学习记录单并引发思考。 学习理解所学函数和图像。 操作使用录音软件。 试奏钢琴、小提琴、长笛、圆号、鼓、吉他，软件录制，探索音乐与函数的对应关系。	将数学与音乐相结合，促进学生树立正确的审美观，提高学生的审美能力和审美创造力，塑造学生完善的人格，促进学生全面发展。 复习分析函数和图像的变化，了解实验在科学探索中的重要性。 启发学生创意设计实验思路，灵活应用知识，展示同学们的音乐才华，多学科综合实践发展。

续表

教学过程	教师活动	学生活动	设计意图
数学与音乐相关知识原理	**讲解**：学习使用 Cool.Edit 录音软件的方法。 **启发**：设计实验并实施。实验的三个阶段：规划、证据、结论，从而来描述规律、解释原因、预测现象、控制现象等。		
创意设计实验——探寻音乐与数学的不解之缘	1. 提出要求： （1）安全角度。 （2）技术角度。 （3）创意角度。 （4）合作探究。 （5）成果分享。 2. 明确任务：学生分组设计实验、开展探索。 3. 在学生自主活动中观察巡视，对遇到的问题及时在小组内分析、引导和完善。 4. 引导学生对探索实验进行分析和评价。 5. 小节、点评：实验设计、过程、分析、计算、统计、归纳总结得出成果规律等。 例如：连续奏出钢琴的 88 个音所得的函数图像恰好呈规律的指数图像：$y = a^x$，也恰好符合理论上十二平均律计算的数值。 例如得出结论：杯内水的高度越高，敲击水杯所发音高越低；杯底面积越大，敲击水杯所发音越高；液体密度越小，敲击水杯所发音高越高。 6. 对学生们实验研究的全过程给予鼓励和肯定。	聆听、记录，结合学案明确本次任务。 学生自主活动：以小组为单位，开始选择材料、讨论设计实验思路和方法。 **第一组**：通过乐器演奏，探索将多种乐器演奏的不同音阶录入 Cool.Edit 软件，形成时间与音频的函数图像，对比实验，填写记录单。 | 乐器名称	演奏音阶	音乐录入形成时间与音频函数图像
---	---	---
钢琴		
小提琴		
长笛		
圆号		
鼓		
……		| **第二组**：受杯内水的多少的影响，对水杯发声音高的探索。 | 实验器材	步骤	录音时间与音频函数图像
---	---	---
型号相同的玻璃杯（7个）	① 水的高度对敲击水杯所发音高的影响。	
游标卡尺（1个）	② 杯底面积对敲击水杯所发音高的影响。	
250毫升量杯（1个）	③ 液体密度对敲击水杯所发音高的影响。			明确创意制作要求，明确组织纪律和课堂教学形式。 培养学生自主探究和合作学习的能力。 改进完善、坚持不懈、精益求精，培养科学态度和科学精神。 检测各组作品完成情况，培养学生语言表达能力和沟通能力，并分享成果。 数学美的产生，需要审美对象的存在，即数学本身存在着美的因素；还有审美者的存在，搭建音乐与数学之间的桥梁，渗透美育，跨学科发展。

续表

教学过程	教师活动	学生活动	设计意图
创意设计实验——探寻音乐与数学的不解之缘		学生以小组为单位完成记录单的填写，对创意制作进行交流，得出结论并感受全局性探究，分享成功的喜悦。	
师生共同演奏	师生多种乐器共同演奏曲目《乘着歌声的翅膀飞翔》《欢乐颂》。	感受音乐的美好，分享实验研究的众多成果。	分享成功的喜悦，感受美育教育的力量。
延伸拓展	对学生的探究过程予以评价，小结本节课的研究内容，再次强调在掌握知识、技术的基础上，创新设计、不断改进、实现功能。 提升：培养发现问题的能力、创新精神、意志品质等。 延伸拓展：学生提出科学建议或科技创新小发明。	聆听，回顾。 记录作业要求。 有继续探索音乐与数学的热情，进行多学科研究。 通过应用，加深对创新思维、多维大脑的理解认识。	体现美育教育，培养认识美与创造美的能力，跨学科进行教学，促进学生全面发展。

九、教学效果测评（见第二章第一节表 2-2、2-3）

十、附件（略）

课程教案六　思维导图绘制方法与应用

一、教学依据

（一）社会发展和教育教学课程的需求

思维导图（Mind Map）又称脑图或心智地图，是表达发散性思维的简单实用的图形思维工具。思维导图运用图文并茂的技巧，把各级主题的关系用相互隶属与相关的层级图表现出来，把主题关键词与图像、颜色等建立记忆链接。思维导图充分运用左右脑的机能，利用记忆、阅读、思维的规律，协助人们在科学与艺术、逻辑与想象之间平衡发展，从而开启人类大脑的无限潜能。

随着时代的发展和教育创新理念的不断精进，思维导图被越来越多地应用到课堂教学中，特别是科技创新课程。思维自由发散联想，适用于"头脑风暴"

式的创意活动。基于学科知识的特性，思维可视化的概念图、知识树、问题树等图示方法的优势特性，与结构化思考、逻辑思考、辩证思考、追问意识等思维方式结合起来，把"思维导图"转化为"基于系统思考的知识建构策略"，很适合应用在创新课程体系中。

（二）学生学情分析

学生希望用不同的方式来学习理解抽象的创新思维内涵，能形象化、动态化、艺术化地现场展示思维过程，使大脑的思维演变可操作、看得见、画得出、一目了然、通俗可见、清晰易懂。基于以上原因，笔者设计了本节课，目的是以鲜明、具体的思维导图来激发学生的学习兴趣，扩张发散思维，促进创新思维，增加视觉动态和应用体验效果。

二、教学目标

（一）知识与技能

学习思维导图的核心原理、专业知识和绘图的操作技能。

（二）过程与方法

学习思维导图的核心原理，利用发散思维和创新思维方法来设计绘制思维导图，结合主题开展实战应用体验。

（三）情感态度与价值观

学生热情很高，尝试使用软件创意绘制思维导图，开展头脑风暴，启迪创新思维，小组合作团队实战，用新思路、新模式融入多维大脑，艺术与科技结合，点燃思维。

三、教学重、难点

重点：学习思维导图的核心原理，利用发散思维和创新思维方法来设计绘制思维导图。

难点：掌握思维导图的绘制方法，通过头脑风暴启发创意设计，最终能利用软件绘图。

四、教学对象

热爱科技创新思维的中小学生，适用于课程教学班或竞赛班。

五、教学内容与形式

图 2-10　教学内容与形式

六、教学准备

资源准备：思维导图软件 imindmap、mindmaster、电脑、PPT、教案、记录单等。

环境准备：计算机教室、网络信息设备。

七、教学地点、时间

科技馆、学校计算机教室或网络信息教室；时长 90 分钟。

八、教学过程

表 2-12　教学过程

教学过程	教师活动	学生活动	设计意图
情境导入	**播放**：有关思维导图内容和形式的例子。 **启发**：结合大脑思维特点，思考其特点和优势。 **简介**：思维导图的概念、历史发展与应用范围。	观看、思考、各抒己见。 上网查阅思维导图的相关资料，初步了解。 听讲、记录、感受。	利用视觉效果，激发学习兴趣。 学习了解思维导图的发展意义和应用价值。
思维导图的核心原理、特点和核心作用	**讲解**： 1. 思维导图的核心原理是发散思维能力，一幅完整的思维导图所发散的结构是清晰、可视的思考工具，又称为思维地图或思维笔记。 发散思维的常见分类： （1）自由发散思维，可以提高思维的全面性。 （2）定向发散思维，主要提高思考问题的针对性。	聆听、思考、记录。 掌握思维导图的核心原理、具备的特点、核心作用。 分组上网搜索思维导图资料，感受、分析、归纳总结其原理和结构特性。	明确思维导图与发散思维之间的关系，提高思维的全面性和针对性。 体现思维导图是模拟大脑神经元学习和思考的机制。

续表

教学过程	教师活动	学生活动	设计意图
思维导图的核心原理、特点和核心作用	2. 思维导图的特点：图文并茂、发散结构。 3. 思维导图的核心作用：化繁为简、以简驭繁。		
绘制思维导图的重点、要点和绘制步骤	讲解： 绘制思维导图的重点、要点： 1. 中心图（主题）要直观。 2. 多层级发散思维。 3. 分支不要垂直。 4. 分支之要间隔有序。 5. 一线一词，即每个分支只有一个关键词、短句子。 6. 思维导图要丰富色彩。 五个步骤： 1. 纸张横向摆放，拉大视觉宽度。 2. 发散思维引出主分支和关键词。 3. 根据主分支关键词继续发散，多层级思考。 4. 布局其他主分支，多层级发散，环环相扣，深度剖析主题、整体布局。 5. 查漏补缺，修改完善思维导图的文字和图案。 评价思维导图的标准	聆听、认真记录。 学生自主活动：以小组为单位，分组完成记录单的填写。 | 评价指标 | 满分10分 | | --- | --- | | 中心图与主题的关联性 | | | 主分支间隔有序、颜色跳跃 | | | 关键词用黑色或与对应分支颜色相同 | | | 关键层级关系正确、发散布局 | | | 是否解决了主题的问题、为解决问题提供了建设性的方案 | | | 总分 | | 以小组为单位思考、讨论思维导图的绘制和注意事项。	明确创意绘制的要求和步骤。 培养学生自主探究和合作学习的能力。 明确评价标准，加深理解，力争精益求精。 检测各组作品的完成情况，培养学生语言表达能力和沟通能力，分享成果。 为绘制思维导图做好充分准备。
头脑风暴、用软件创意绘制思维导图	讲解演示操作： 用软件绘制思维导图： 1. 软件介绍：imindmap、mindmaster、xmind 等，都可以绘制思维导图。这里重点介绍 imindmap 软件的使用，先安装好软件。 2. 掌握五个常用按键：新增键（捕捉、脑力激荡、思维导图、时间表）、功能球、关键素材按键、万能的右键（替换、修改、延伸）、导出键。	聆听、记录、思考。 分小组安装软件、熟悉界面和按键操作等。 按步骤尝试绘画思维导图，熟悉操作使用方法。 以小组为单位谈论头脑风暴主题"5G与生活"，体验用软件绘制思维导图，表达创新思维。 小组交流、分享、评价打分。	小组合作、自主探究。 提高思辨能力、动手能力，体验发散思维，多维度考虑问题。 提高创意设计能力、语言表达能力、审美鉴赏能力。

续表

教学过程	教师活动	学生活动	设计意图
头脑风暴、用软件创意绘制思维导图	3. 步骤：安装、点击思维导图选择中心、创建中心主题；发散思维、引出分支、长按左键、向右上角拖拽分支；填关键词，分支拖拽得到二级分支；持续发散、顺时针依次布局，完成整体思维导图。 **提出要求**：结合以上绘制方法和评价标准，各组按照头脑风暴主题，用软件来创意设计绘制思维导图，并分享交流、打分评价。 小节、点评。		
分享交流 总结提升	对学生的探究过程予以评价，小结本节课的研究内容，再次强调：掌握思维导图知识技能，设计创意、不断改进、实现功能。结合实际生活中的问题，选择两个主体，进行思维导图的创意绘制。	聆听、回顾。 记录作业要求。 渴望探索、意犹未尽、持续创新。	总结提升思维导图的设计绘制与应用。 发散思维、创新思维贯穿始终，并延伸拓展到课后。

九、教学效果测评（见第二章第一节表 2-2、2-3）

十、附件（略）

课程教案七　天文大事件之火星探秘

一、教学依据

（一）社会发展和教育教学课程的需要

中国在 2020 年发射了火星探测器，第一次火星探测任务将一次性完成"绕落巡"三步走。第一要能够对整个火星进行全球观测，第二要降落在火星上，第三火星车要开出来。这是 2020 年中国航天，更是全国的一件大事。了解火星探秘，学习地球与宇宙领域的知识，有助于激发学生对地球和宇宙的探究热情，发展空间想象、模型思维、逻辑推理等能力，初步建立科学的宇宙观和自然观，以及人地协调的可持续发展观。

（二）学生学情分析

学生对天文知识一直都有浓厚的兴趣，渴望探索星际奥秘，教师结合社会热点、我国航空航天新闻大事件进行引导。学生具有较强的学习积极性，希望了解火星知识，比如：火星的地表、火山、峡谷、岩石、土壤、温度、气候、水、火星探索的历程和意义、是否适合人类生存等，教师要为学生插上飞向火星的翅膀！笔者开设系列火星课程，重点讲解火星岩石，学生进一步了解探究火星的信息，了解火星对人类的意义。

二、教学目标

（一）知识与技能

认识火星岩石的基本特征，了解火星岩石的形成原因以及火星岩石的研究方法，知道通过研究火星岩石，人类可以获得哪些火星信息。

（二）过程与方法

在教学中培养学生类比思维能力、发现问题解决问题的能力，了解科学研究的方法与过程。了解火星探索的历程、认识火星探索的意义，培养科学思维和科学精神。

（三）情感态度与价值观

激发学生认识火星的兴趣，培养用科学事例进行科学推理、判断的态度，感受人类在火星探索中体现的勇气与不妥协的精神。

三、教学重、难点

重点：了解研究火星岩石的方法，明确人类探索火星的重大意义以及与自身的关系。

难点：了解研究火星岩石的价值和作用，感受人类在火星探索中的勇气与不妥协的精神。

四、教学对象

热爱科技创新和天文的中小学生，适用于课程教学班或竞赛班。

五、教学内容与形式

图 2-11 教学内容与形式

六、教学准备

资源准备：三种岩石的标本、托盘、放大镜、火星岩石图片、相关视频资料、激光笔、教案、PPT、学习记录单、多媒体等。

环境准备：布置好的实验室、电子教室和天文设备。

七、教学地点、时间

科技馆、学校的电子教室或活动教室；时长90分钟。

八、教学过程

表2-13 教学过程

活动步骤	教师组织	学生活动	设计意图
情景引入	**播放**：出示地球和火星的照片，启发思考：地球和火星主要由哪些物质构成？ 火星是一颗固态行星，大气稀薄，主要由岩石组成。在上一讲的基础上，探究火星上的岩石。	聆听、思考并回答。 观察、对比、分析作答。	学生通过观察，结合话题进行交流。
地球岩石与火星岩石	**引导**：大家了解地球上的岩石吗？地球上有哪些岩石？根据形成原因，地球上的岩石分为哪几种？ 图片或视频展示三种岩石的成因： 1. 岩浆岩是由高温熔融的岩浆在地表或地下冷凝所形成的岩石，也称火成岩。喷出地表的岩浆岩称为喷出岩或火山岩，在地下冷凝的则称为侵入岩。 2. 沉积岩是在地表条件下，由风化作用、生物作用和火山作用的产物，经水、空气和冰川等外力的搬运、沉积和成岩固结而形成的岩石。 3. 变质岩是在高温高压下变化了的岩石。当地球表面的岩浆被深埋于地下时，往往会在高温高压下发生变化，如石英、大理石等。 **分类**：给出三种岩石标本，让学生进行分类（近距离观察三种岩石的区别）。	观察地球初期的图片，讨论回答。 回顾之前讲过的岩石知识，回答：根据成因，地球上的岩石分为岩浆岩、沉积岩、变质岩三种。 填写学习记录单。 观察、讨论、辨析、猜想 小组讨论、填写学习记录单。	通过观察、探究活动，引导学生认识火星岩石，了解火星岩石的分析方法和技术。 培养科学探究、科学思维的能力。 分析地球和火星的综合信息，运用辩证思维认识人类探索火星的意义。

续表

活动步骤	教师组织	学生活动	设计意图
地球岩石与火星岩石	猜想：由于火星是固态行星，由岩石组成，请同学们猜想一下，火星上有哪些岩石？说出你的理由。 提问：如何验证你们的猜想是否正确呢？		培养辩证看待、分析问题的能力。 提出关于火星的猜想探究，培养学生发现问题、解决问题的能力。
寻找与研究火星岩石	1. 寻找火星岩石： 思考：如何才能找到火星岩石的标本？大家觉得谁的方案正确呢？ 讲解：人类目前的科技水平无法让落地的探测器携带岩石标本再返回地球，所以到目前为止，无法直接采集到火星上的岩石标本。目前，人类获得的火星岩石，都是降落地球上的火星陨石。大家想一想，这些火星陨石是如何降落到地球上的？ 补充：小行星撞击火星后，有一些火星岩石会脱离火星，而这些岩石碎片进入地球的引力范围，被地球捕获，坠入地球。 2. 研究火星岩石 展示：挑选几幅典型的、清晰的、有陨石剖面的火星陨石图片，提问：请同学们将你手中的岩石与图片进行对比，猜猜它们属于哪种岩石？说出你的理由。 启发：人类目前回收到的火星陨石都是岩浆岩。提问：难道火星上都是岩浆岩吗？通过陨石能证明火星上只有这一种岩石吗？ 点评：同学们运用科学思维，分析得很正确。单凭有限的陨石，不能判断火星上所有岩石的结构。要想全面了解火星上的岩石，还是要返回火星，对火星上的岩石进行全面分析研究。 要研究岩石，就要有科学的研究方法和工具。你知道如何研究岩石吗？	根据岩石的成因分组讨论，进行猜想：可能有岩浆岩，因为有火山；有变质岩；可能没有沉积岩。 找到火星岩石，并进行解剖、分析、实验等。 讨论，进行头脑风暴，将自己的想法写出来，或者将自己的想法画出来。 讨论。 分析：用探测器去火星上采集…… 思考、回答。 观察、分析判断、回答。 思考、回答：因为陨石的数量很有限，不能代表火星上所有的岩石。 讨论、思考、回顾科学课上学习的简单的研究岩石的方法。 各抒己见。 讨论、回答： 通过火星探测器能帮助人类了解岩石。	培养学生推理、头脑风暴、创意思辨、动手设计绘画的能力。 与地球知识相结合，探寻火星对人类生存的意义。 了解探索火星的艰辛与困难，以及探测火星岩石的方法。 培养科学思维、类比思维、发现问题解决问题的能力，了解科学研究的方法。 通过高科技工具，人类发现了许多火星上的岩石，请同学们观察展示的火星岩石图片，然后进行分析。

续表

活动步骤	教师组织	学生活动	设计意图
寻找与研究火星岩石	启发：学生用看、摸、刻、滴化学试剂等方法研究岩石，科学家则用一些特殊的仪器和材料来研究岩石（播放或展示研究岩石的科学手段或图片，如同位素分析、光谱分析）。 提问：如果人类无法亲自拿到真实的岩石标本，用什么途径或方法能帮助人类研究火星岩石？ 展示：同时展示火星探测器的照片、火星探测器上探测岩石的仪器：探测雷达、成像仪器、激光光谱分析仪等。		
通过火星岩石，探究火星的秘密	提问：你们发现它们是什么岩石了吗？通过火星岩石，我们可以知道什么？ 对比：通过对地球岩石的分析，请同学们思考，从火星岩石上可以获得哪些信息。 例如：1. 通过对火星岩石的分析，可以知道火星的地质结构，以及火星地质结构的变化。 火星的地质结构和地球一样吗？ 展示地球和火星的地质结构图：火星和地球一样，有火星核、火星幔、火星壳。通过对岩石的研究，可以帮助人们了解火星壳、幔、核的组成、结构、性质及岩浆活动。 2. 了解火星的演化历史，通过对岩石进行同位素分析，知道火星的年龄。 提问：大家知道地球的地质年代吗？地球经历了哪些地质时期？ 提问：火星的地质年代呢？ 解释：火星的地质年代分为：诺亚纪、赫斯伯利亚纪、亚马孙纪。 3. 帮助人类了解火星上有什么物质，认识火星土壤。火星土壤主要是火星岩石风化形成的。火星为什么看起来是红色的？ 解释：通过对岩石的分析和对火星地表、大气的探测，知道火星的微红色是由以赤铁矿形式存在的氧化铁或三价铁造成的。地球上也有许多锈红色的岩石，其中就有大量的氧化铁或三价铁。 提问：人类研究火星岩石有何意义和价值？	观察、回答：沉积岩。通过分析岩石，知道火星由什么物质组成；知道火星上有什么元素，是否和地球上的一致；是否存在化石，以及火星的变化规律等。 进行头脑风暴，将从岩石中获取的信息罗列出来，经过讨论，补充、修正自己的想法。 分析、讨论。 讨论、回答地球的地质年代。 讨论、回答。 思考、回答：1. 探索资源；2. 星际探索的基地等。 研究火星岩石的意义和价值 1. 是否有适合人类生存的物质条件？ 2. 火星岩石对人类的意义？	激发认识火星的兴趣，培养用事例进行科学判断、推理的能力。了解火星地质结构、火星演化历史、火星上是否有适合人类或者生物生存的条件和物质。 通过视频介绍火星的地质年代，激发学生的学习兴趣，了解火星发展史。 通过对火星岩石的探究，进一步探索火星的奥秘。 探索人类研究火星岩石的重要意义和价值。

续表

活动步骤	教师组织	学生活动	设计意图
拓展延伸阅读推荐	**总结回顾**：火星岩石知识。 **引申延展**：火星的红色岩石成分在地球上能找到吗？结合之前学过的火星上空气、温度、地表、气候特征，能初步构思创意设计火星服吗？ **推荐阅读、观看**： 1.《火星救援》电影。 2. 疫情下的航天豪情，天问一号来了！ https://www.cdstm.cn/videos/Tops/ztmtzt/zjyd/202005/t20200522_1022280.html 3. 解密！火星上真的有人吗？ https://www.cdstm.cn/videos/Tops/ztmtzt/zjyd/202005/t20200522_1022275.html	思考、讨论、回答：可能是电脑合成的。 对火星服的设计很感兴趣，并跃跃欲试。 拓展阅读，了解人类探索火星的方法。	拓展阅读，开阔眼界。 激发对火星的兴趣，更加关注中国"天问一号"火星探测任务，感受人类在火星探索中体现的勇气与不妥协的精神。

九、教学效果测评（见第二章第一节表 2-2、2-3）

十、附件（略）

课程教案八　电子音乐装置创意设计制作

一、教学依据

（一）社会发展和教育教学课程的需求

电子通信技术发展迅猛，已成为当今社会科技的制高点，在社会各个领域应用广泛，与我们的生活密切相关，有必要学习相关知识和迁移应用。装置创意设计课程，有利于培养学生动手动脑、综合运用电子技术、音乐艺术、工程设计等多学科知识，多维度地启发创新思维。

（二）学生学情分析

学生们不满足于对电子技术基础知识的学习，希望做更进一步的探究，尝试完成一个创意设计方案或作品，感受体验技术应用、解决实际问题。考虑以上因素，笔者以学生喜欢的音乐作为切入点展开本课程，将形象、感性的音乐与抽象、理性的电子技术相结合，激发右脑（创造脑），让学生快乐地学习电子技术与应用，感受多学科融合迸发的魅力。

二、教学目标

（一）知识与技能

复习电子元器件、电路知识原理、小提琴初级知识、结构原理、演奏的换把技术。

（二）过程与方法

了解创新方法，掌握组合拓展创意设计制作电路的方法，尝试实践创新作品设计制作的过程。

（三）情感态度与价值观

积极参与电子乐器创意设计制作，合作探究，执着钻研，培养科学精神，端正科学态度。

三、教学重、难点

复习电子知识与技术原理，了解音乐理论和小提琴换把技术，初步尝试使用电子知识。

改善目前小提琴把位提示中存在的问题，学以致用，解决实际问题。

四、教学对象

有电子技术基础、热爱科技创新的中小学生，适用于课程教学班或竞赛班。

五、教学内容与形式

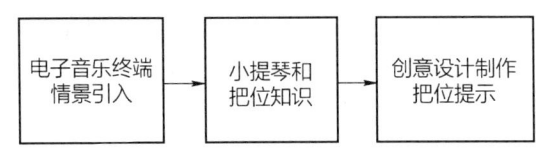

图 2-12　教学内容与形式

六、教学准备

资源准备：教师研发的教具、小提琴知识和把位原理相关资料、教案、学习记录单、PPT、多媒体设备。

环境准备：教室和桌椅的布置、场景设计。

七、教学地点、时间

科技馆、学校的电子教室或活动教室；时长 90 分钟。

八、教学过程

表2-14 教学过程

教学过程	教师活动	学生活动	设计意图
情境导入	仔细观看教师研发的"可编程电子音乐终端"教具，教师现场演示。 请回答：这个发明包括哪些电子信息技术原理和创新方法应用？ 填写学习任务单。 小结学生的答案，引出本节课的内容。	观看教具、小组讨论、填写学习任务单。 第__小组　姓名： 电子元器件名称： 各部分结构： 电路原理： 无线通信模块： 编程操作： 创新思维方法： 该教具解决的教学问题： 该教具改进的方向： 各组交流分享、各抒己见。体验互动，初步了解科技创新的全过程。	以音乐引入，激发学生的学习兴趣。 温故知新，点明本节课的探究内容和具体要求。 强调教师的示范作用、创新探索，让学生初步了解创新项目的完成过程，培养科学态度和科学精神。
小提琴把位知识	教师现场演奏小提琴曲，请同学们观察老师左手的运动特点？（或者请有小提琴特长的学生现场演奏） 小提琴的音准为什么很难控制？ 肯定学生的回答。 介绍：小提琴知识和换把原理、演奏技术。	认真观察发现、回答问题：左手来回移动，小提琴的弦上没有标明每一个音高的位置（不像钢琴键能定位），需要自己去找，所以很难。 学习把位理论和基本演奏技术，受到启迪，开阔思路。 分组感受小提琴演奏的美，难度在于弦乐音准的定位问题。 分小组讨论：创意方法、头脑风暴。	学习与小提琴把位有关的音乐理论知识。 熟悉小提琴结构原理、把位的确定方法、把位和音准的对应关系。 发现小提琴学习的难度，想办法改进把位的提示方法，辩证分析已有的划线定位法的优缺点，在此基础上启发新的变化、新的创意发明。

续表

教学过程	教师活动	学生活动	设计意图
小提琴把位知识	**2 小提琴把位结构** **讲解演奏**：一根线上的简单音阶、简单换把的音阶。 **启发**：在琴上划线（或贴条）来确定把位的音准，存在什么问题？演奏方便吗？ 还有什么办法能准确找到音的位置？		
创意设计方案或制作发明	**提出要求**：科学性、新颖性、实用性、合作探究、成果分享、迁移引申。 **明确任务**：学生分组进行创意设计（建议方案、画图纸、制作发明）。 **指导**：观察、巡视，及时对遇到问题的小组进行分析、引导、纠正、完善。 **引导**：学生对创意制作进行分析和评价。比如把位报警提示；在琴上刻出把位的刻度，手能感受到；把位上有触摸屏，能感应音准；手型定位手套跟琴上把位对应的装置设计。 **评价、小节**：	聆听、记录，结合学习记录单填写创意设计过程。 **自主活动**：以小组为单位，选择材料、构思、讨论、设计思路、撰写方案、绘制图纸、制作发明。 修改完善、改进方法、重新实验、完成创意作品。 以小组为单位，对创意制作进行交流，分享成功的喜悦，得出结论和感受。	明确创意制作要求、组织纪律、课堂教学形式。 培养学生自主探究和合作学习的能力。 改进完善、坚持不懈、精益求精。 检测各组作品完成的情况，培养学生语言表达和沟通的能力，分享成果。
总结提升	对学生探究过程予以肯定，鼓励课后继续完成探索过程。小结本节课的研究内容，掌握知识技能，继续头脑风暴、发散思维，完成设计制作，不断改进实现功能。 **拓展**：培养努力创新的意志品质。 **延伸拓展**：学生设计制作相关的科技创新小发明。	聆听、回顾。 记录作业要求。 有创意设计的愿望，持续创新研究。	总结提升，将科技创新教育贯穿始终，并延伸拓展到课后。

九、教学效果测评（见第二章第一节表 2-2、2-3）

十、附件（略）

课程教案九　交通安全法规与科技保障

一、教学依据

（一）社会发展和教育教学课程的需求

近年来，全国交通安全形势严峻，交通事故频发，人员伤亡惨重，交通事故死亡人数约占各种安全事故的 90%，因此，交通安全是不容忽视的重大问题。要从根本上减少交通事故的发生，首先要积极学习、普及《中华人民共和国道路交通安全法》，知法、懂法、守法，人人有责。交通安全是学生科技教育活动的重要内容之一。

（二）学生学情分析

青少年已掌握一定的交通法规，需要进一步普及增强安全意识，还要结合时代发展的需求，人工智能、大数据、5G 技术等现代科技创新应用为交通安全提供了保障。青少年应增强为交通安全献计献策的意识，大胆创新，增强社会责任感。以交通安全为载体，既能普及交通法规，也能满足该课程学员对创新探索的渴望，尝试用科学技术解决实际交通安全问题。可见，开展本次活动很有必要。

基于以上原因，笔者组织开展了本次教学活动，这也是学期系列教学课程科技创新探索实践的内容之一。

二、教学目标

（一）知识与技能

学习交通法规，学会紧急自救措施，通过活动更加重视交通安全。

（二）过程与方法

认识、体验交通事故产生的原因及其危害，从遵规守法和应用科技创新两个方面确保交通安全。

（三）情感态度与价值观

通过在交通安全中体验科技创新的应用，提升创意思维和实践能力，为交通安全献计献策，带动家庭和社会，增强社会责任感，立德树人。

三、教学重、难点

学习交通法律法规、应急自救措施，用创新思维方法为交通安全管理献计献策，提出科学建议或发明设计。

四、教学对象

有电子技术基础、热爱科技创新的中小学生。适用于课程教学班或竞赛班。

五、教学内容和形式

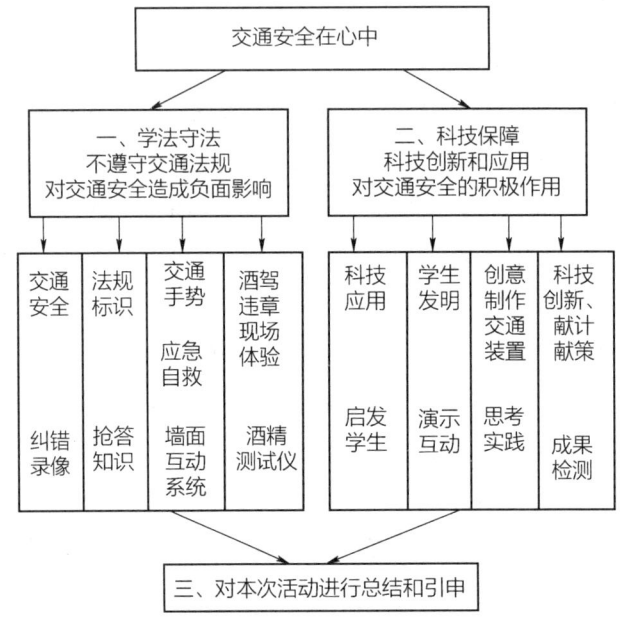

图 2-14 教学内容与形式

六、教学准备

资源准备：交通专业器材、交通安全资料、教案、展板、学习记录单、创意制作材料、调查问卷等。

环境准备：在科技馆或学校选择场地、活动场景布置。

七、教学地点、时间

科技馆、学校的电子教室或活动教室；时长 90 分钟。

八、教学过程

表 2-15 教学过程

活动步骤	教师活动	学生活动	设计意图
活动引入	宣布活动主题、情景导入。	明确活动主题。	强调主题。

续表

活动步骤	教师活动	学生活动	设计意图
学法守法	纠错环节： 播放交通安全动画片，请同学们挑错并说明正确的做法。引导学生说出日常生活中交通安全事例，分析违规原因。 与交警互动： 介绍交警，请交警讲解： 1. 交通图标、法规常识，并对知识抢答进行点评。 2. 交通手势、应急自救方法，并检测。 3. 酒精测试仪的科学原理，并进行现场体验。	观看动画片，纠错改正。举出生活中交通安全事例并分析、归纳原因。 与交警互动： 积极参与交通安全知识抢答，学习体验交规、应急和自救方法，体验酒精测试仪。	分析易出现的交通问题和违规的原因。 学习交通法规、交通事故应急措施，激发学生的学习兴趣，活跃现场气氛。体验酒驾酒精测试仪，学习技术原理，科技保障交通安全，为进入下一环节做准备。
科技保障	1. 请同学们说出科学技术的发展对交通安全的保障作用。 2. 介绍学生科技创新中交通安全类项目，并现场演示、互动体验——《误踩油门智能补救系统》等。 3. 检测、拓展：学生发现问题并用科技创新改善交通问题。 4. 启迪创新思维，分发材料，进入科技创意实践环节。 5. 启发学生分组讨论，并提出消除交通安全隐患的创新想法。 6. 小节。 评价：表扬学生积极参与，学知识、用知识、引申提高、自我教育、创新探索、带动他人..。	1. 举例：人工智能、大数据、5G移动通信技术等交通安全应用。 2. 学习设计原理并举行操作体验，体会科技应用，解决交通问题。 3. 大胆创新，对生活中的交通问题各抒己见。 4. 分组讨论，创意设计制作交通灯，分享交流创意成果。 5. 提出发明方案，如《智能实时交通安全监测系统》《酒驾自动报警装置》《智能报警车内人数》等。 6. 分组交流讨论并进行评价。	1. 了解生活中科技保障交通安全的实例。 2. 向同龄人学习创新精神和社会责任感，用科技解决实际交通问题。 3. 检测引申、献计献策。 4. 设计科技创新发明项目，有创意，还要以科学技术为基础，提高学生动手动脑能力。 5. 有效检测本次活动的学习效果，遵守交通法规，启迪学生用科技保障交通安全，提升社会责任感和团队精神。
活动总结	与学生互动，共同总结： 交通安全　你我同行 学法守法　珍爱生命 科技创新　智慧保障 责任意识　在我心中 宣布本次活动结束。	交通安全在我心中"8句"方针。	教育学生用智慧和努力为交通安全做贡献！

九、教学效果测评（见第二章第一节表 2-2、2-3）

十、附件（略）

课程教案十　环保戏剧创编与排演的初体验

一、教学依据

（一）社会发展和教育教学发展的需求

首先，依据国家和世界环境保护可持续发展、国家倡导生态环保的理念，从青少年做起，全面深入推进生态环境文明进校园活动。通过课堂教学、环境教育日、综合实践活动等形式，强化环保教育意识，从小尊重、顺应、保护自然，爱护、改善环境，践行生态文明。其次，戏剧是一门综合性艺术，它融表演、歌唱、舞蹈、美术等艺术形式于一炉，既有非常强的表现力，又给观众以美的享受。在推进素质教育、弘扬民族文化的今天，戏剧艺术进课堂尤为重要。

（二）学生学情分析

学生已具有一定的科技环保知识和综合应用能力，对戏剧表演的形式很好奇，渴望尝试。学生的文化基础较好，经过之前课程的铺垫、培训、启发，学生能收集掌握资料、探究、讨论、创作、交流、调查访问，对研究问题有着浓厚的兴趣；对环保知识、方法措施和实际应用，了解不够全面；对戏剧编导、排演等艺术内容不熟悉。基于以上原因，笔者设计了本次课程。

二、教学目标

（一）知识与技能

学习了解环境保护、生态文明、戏剧文化、创编排演的意义、内容和实际应用。

（二）过程与方法

掌握国家环保相关的科学知识、方法措施、合作探究、动手实践、鉴赏评价、体验科技环保与戏剧创编排演相结合的方法与过程，用新思路、新模式宣传践行生态文明，形成保护、完善环境的认知。

（三）情感态度与价值观

积极参与活动，大胆发表自己的想法，体验科技环保与生活的联系，感受探究与创作的快乐。通过活动，增强相互关心、团结合作的意识；提高学生科学意识、环保意识、创新意识、对国家和人类的责任意识；倡导培养科学的、勤俭节约的生活方式，养成良好的生活习惯。

三、教学重、难点

重点：学习环境保护、生态文明、戏剧文化知识，从小养成良好的环保习惯，并积极践行。

难点：用多维度戏剧创意表演形式来展示对环保内容和意义的认知，深化应用探索。

四、教学对象

热爱科技创新和之前参加过戏剧艺术表演培训的中小学生。适用于课程教学班或竞赛班。

五、教学内容与形式

图 2-15　教学内容与形式

六、教学准备

资源准备：环保与戏剧艺术的相关知识与方法措施，各种废旧物品（废旧铝易拉罐、废铁罐、胶卷塑料盒、塑料卷、泡沫塑料、旧窗帘、旧光盘等），表演的基本技能、PPT、教案、学习记录单、多媒体等。

环境准备：舞台、音响设置、背景字幕等。

七、教学地点、时间

科技馆、学校的活动教室；时长 90 分钟。

八、教学过程

表 2-16 教学过程

活动步骤	教师活动	学生活动	设计意图
情景引入	播放：1. 环保题材的视频。 2. 著名戏剧片段视频。 提问：视频 1 说明了什么？你还能举出哪些环境保护类的话题？怎么解决这些问题？ 提问：你参与过戏剧表演吗，想不想尝试？ 提问：怎样把二者结合起来，用戏剧的形式宣传和践行环境保护、生态文明？	观看视频，思考、回答问题： 视频 1. 举出生活实例，说明环境保护和改善的问题，如垃圾分类、水污染、大气污染等，结合实际，说出自己力所能及的做法。 视频 2. 观看经典戏剧，尝试自己表演。 各抒己见。	选择贴近生活和学生喜欢的视频导入，调动学生积极、热情地参与课堂学习。 点燃学生的戏剧表演梦想，为科技环保贡献力量。
完善创编剧本、熟悉背诵台词	上次课已经详细讲解了戏剧艺术、垃圾分类的相关知识，请同学们分组创编一个剧本，以垃圾分类为主题，设计道具和服装。今天，我们来尝试排演这个剧本。 每个组先介绍自己的草拟剧本，说明主题、立意、故事情节、创意、人物设计、戏剧冲突、服装道具、音乐舞美等的初步设计结果。 观察、巡视、指导、纠正等。 引导：如何改进剧本？评价标准具有：科学性、艺术性、创新性、语言台词有魅力、凸显环保理念和社会意义。	分组谈论本组创编的剧本雏形，有发生在校园的故事，也有在小区、街道发生的事，还有穿越时空的垃圾分类……奇思妙想、集思广益、创意无限。大家一起讨论修改。 互相鉴赏、交流。 结合师生们给出的修改建议和评价标准，在课堂上小组完善剧本内容和文字表达。 尽量熟悉背诵台词，并用这一版剧本进行初次排演。	结合戏剧特点和环保主题，修改完善，培养精益求精的科学探索精神。 培养团队合作意识，分工完成任务。
道具服装、音乐、舞美设计，排演练习	根据确定的剧本，请各组用提供的废旧物品开始设计制作相应的服装道具（要简洁），编排配乐和舞蹈。 请各组用 30 分钟时间，进行排练表演，台词、场景、服装、道具、音乐、舞蹈……上演完整的环保剧。	分组设计制作简洁的服装道具和音乐舞蹈，责任到人。 分工合作，各组积极地投入排演，加强团队合作意识。	锻炼动手、动脑能力，跨学科研究探索，小组合作，培养综合实力。

续表

活动步骤	教师活动	学生活动	设计意图
展示环保戏剧成果	**要求**：分组表演本组的环保剧，尽量不看台词，背诵演出。 **要求**：学生小组自评、各组互评。点评、小结、肯定、鼓励。	小组自愿，按顺序演出各组剧目：《穿越时空的相会》《还我七侠蓝天》《窝头会馆进行曲》。 **开展自评与互评**：语言表达、台词文字、主题立意、创新程度、团队配合、道具服装是否恰到好处等，及时发现问题并达成共识，及时改进，争取下次更好。	从主题立意、创编剧本到用废旧物品设计制作服装道具、设计配乐和舞蹈动作，再到舞台表演、语言表达……每个环节都充满了创新思维和研究探索，体现出基于生活、全局性的学习理解的学习模式，促进学生全面发展。
改进完善、提出建议	结合演出情况和各组自评互评，对各个剧目提出建议。 各组共同的话题： 1. 编剧可以再有创意，发散思维、逆向思维，让戏剧冲突更明显，更吸引观众。 2. 语言表达不够精彩、抑扬顿挫要更加强。 3. 演员表演比较紧张，不够自然放松。 分组各自的问题： 1组：加强践行垃圾分类的内容，再具体些，通过表演让观众明确垃圾分类的方法和措施。 2组：注意科学性，在创新思维无限发散的情况下，也要注意环保理念的科学性、准确性，即逻辑思维和创新思维同行。 3组：服装道具、舞蹈音乐有些喧宾夺主，还是要用扎实的表演和台词来呈现戏剧故事和主题立意。 总结本节课内容。	聆听、记录、思考、讨论。 与老师沟通交流，深入修改完善。	提出改进建议，培养精益求精、力争完美的科学精神。 排演环保戏剧是进行综合实践探索，多学科融汇，难度大，空间大，激发多维大脑、创新思维的扩张发展。 科技探索要注意科学性、创新性、实用性的原则，与戏剧结合，用艺术形式来宣传、普及、践行垃圾分类。 延伸拓展到下节课。

九、教学效果测评（见第二章第一节表 2-2、2-3）

十、附件（略）

课程教案十一　电子创意制作报警指示电路和精美电子礼盒

一、教学依据

（一）社会发展和教育教学课程的需求

当今社会，电子技术广泛应用于社会生产、生活的各个领域，我们每天都在使用和感受身边的电子技术。在学习技术知识的基础上，创新应用也很重要。在课堂教学中，应尤为重视基于解决生活问题的电子技术应用的相关内容，这有利于学生真切地体验创新实践，即用所学的知识和新颖的方法来改善生活实际，激发学生爱科学、学科学、用科学的意识。

（二）学生学情分析

前面已经对面包板和导电胶带电子制作的基本知识及原理，进行了初步学习，会用已有给定套材分别单独制作、搭建电路，但不能灵活应用。学生的发展需求是学会举一反三、创意制作、合作探究。学生渴望尝试创意制作，并能解决生活问题，培养其学以致用和科技改善生活的责任感。

二、教学目标

（一）知识与技能

复习电子面包板、导电胶带、电子元器件、电路知识原理等。

（二）过程与方法

掌握创新方法，掌握组合拓展创意设计制作电路的方法，尝试实践创新作品（报警器和精美礼盒）设计制作的过程。

（三）情感态度与价值观

积极参与课堂活动，在合作完成创意作品的过程中，初步建立探究创新意识，懂得科学创新作品会提高生活质量。

三、教学重、难点

灵活应用电子元器件知识和电路原理，创意设计制作报警指示电路和精美电子小礼盒。

四、教学对象

有电子技术基础、热爱科技创新的中小学生。适用于课程教学班或竞赛班。

五、教学内容与形式

图 2-16　教学内容与形式

六、教学准备

资源准备：常用电子元器件、电子面包板、导电胶带、艺术纸质小礼盒、导线、电池、万用表、PPT、教案、学习记录单、多媒体设备。

环境准备：活动教室的环境布置、桌椅分组、形状形式要求。

六、教学地点、时间

科技馆、学校的电子教室、实验室或活动教室；时长 90 分钟。

七、教学过程

表 2-17　教学过程

教学过程	教师活动	学生活动	设计意图
情境导入	之前我们学习了常用电子元器件和电子面包板的相关知识，请根据电路原理图搭建电路。上次我们制作了实物激光防盗网，应用的是什么原理？生活中还有哪些报警指示装置？ 展示：节日纸质小礼盒，能否加入电路设计？ 围绕创意设计报警指示电路和精美礼盒，灵活应用所学电子知识，体验创新的快感。	听讲、回忆上次活动，回答：光控报警，当光线变暗就可以报警，防止被偷盗。 各抒己见。	联系生活，激发学习兴趣。 温故知新，点明本节课的探究内容和具体要求。
巩固知识、启发创意	为了更灵活地应用，进行创意制作，先熟悉学过的知识原理。 1. 请同学们辨别电子材料，把名称写在学案上。	思考问题，辨别电子元器件，填写学习记录单。	巩固学习，为创意设计制作做好准备。

续表

教学过程	教师活动	学生活动	设计意图
巩固知识、启发创意	2. 如何进行创意设计？复习电路原理图，并举例分析电路变化，启发创意思路。 电路图	复习回顾，受到启迪，开阔思路。	复习、分析电路变化，启发学生创意思路，灵活应用知识搭建电路。
创意设计制作报警指示电路探究	1. 提出要求： （1）安全角度。 （2）技术角度。 （3）创意角度。 （4）合作探究。 （5）成果分享。 明确任务：学生分组设计制作报警指示电路。 2. 在学生自主活动时观察、巡视，及时对遇到问题的小组进行引导、分析、纠正、完善。 3. 引导学生对创意制作进行分析和评价。 用磁控、光控、声控、红外控制、按键控制、电容充放电等方法，制作报警指示电路和精美电子小礼盒，初步利用电子技术尝试创新。 评价、小节。	聆听、记录，结合学案明确本次任务。 学生自主活动：以小组为单位，开始选择材料，构思实验电路，讨论设计思路和制作方法。 学生分组完成学案填写。 改进方法，修改电路，重新搭建电路，完成创意制作。 以小组为单位，对创意制作进行交流，分享成功的喜悦。得出结论并加以感受。	明确创意制作的要求。 培养学生自主探究和合作学习的能力。 改进完善，培养坚持不懈、精益求精的品质。 检测各组作品完成情况，培养学生语言表达能力和沟通能力，分享成果。
教师创新作品展示	同学们的创意设计都很好，下面来看看我的创新作品《电子微信演示教具》。	体验互动，初步了解科技创新的全过程。	教师示范作用、创新探索；让学生明确创新项目的完成过程，培养科学态度和科学精神。

续表

教学过程	教师活动	学生活动	设计意图
总结提升	评价肯定学生的探索过程，小结研究内容：在掌握知识的基础上，创新设计，不断改进功能，学以致用，造福人类。 强调：勇于发现问题，强调对创新精神意志品质的培养。 延伸拓展：学生提出科学建议、方案或创新发明。	聆听、回顾。 记录作业要求，有创新的动力和热情，学以致用，用技术改善生活。	总结升华。科技创新服务社会，造福人类。

九、教学效果测评（见第二章第一节表 2-2、2-3）

十、附件（略）

课程教案十二 我创新，我快乐
——研究成果展示延伸

一、教学依据

（一）社会发展和教育教学课程的需求

创新发展是时代的主题，万众创业、大众创新、中国制造、支持民族原创……激励着我们每一个人去大胆开拓。创新是国家和民族发展的源动力，创新能力的核心是创新思维。在整个课程体系全局性学习理解的过程中，全方位总结如何激发多维大脑、跃迁创新思维、指导探究活动，也解决了思维课程教学比较抽象难懂的问题，使创新思维过程可视化，让学生看得到、摸得着、真听、真看、真感受、真探索、真喜欢，希望通过原创系列课程，助力创新思维按"阻燃—可燃—自燃"的顺序发展精进。

（二）学生学情分析

通过学期或学年课程的学习，学生们逐渐养成了持续创新的思维习惯，对课堂教学中和课后延伸的创新问题，都有自己的思考和延展，并根据自己的兴趣爱好，开展课题研究。经过自主探究、向老师请教，形成了阶段性的创新成果。同学们希望进行互动交流、分享赏析、评价总结。通过本次课程，学生自我陈述项目、模拟现场问辩,让学生感受到快乐创新、享受创新、完善创新、持续创新。

二、教学目标

(一) 知识与技能

复习回顾多维大脑十个维度的含义和创新思维的定义、内涵、方法与实践应用。

(二) 过程与方法

复习回顾实践创新作品设计制作的方法与过程,基于生活发现并提出问题,结合多维大脑和创新思维,逐步解决问题,最终改善生活。

(三) 情感态度与价值观

积极参与创新探究实践,遵守科技创新"三自、三性"的原则,执着探索,克服困难,用自己的智慧力争为生活服务,造福人类,立德树人。

三、教学重、难点

在"多维大脑、创新思维"的启发下,学生能灵活应用知识原理、方法技能,组合拓展,举一反三,选择生活中的素材,创意设计,优化方案,尝试解决问题。

四、教学对象

热爱科技创新的中小学生,适用于课程教学班或竞赛班。

五、教学内容与形式(如图2-18)

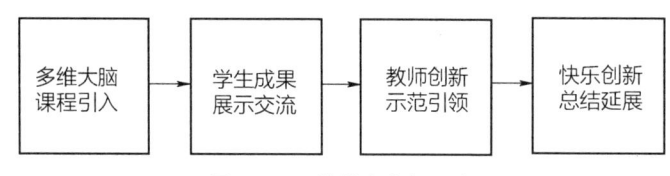

图2-18 教学内容与形式

六、教学准备

资源准备:学生论文、研究过程性资料、发明装置、发言PPT、多媒体等。

环境准备:活动教室的区域布置、场景设计、成果展示区、讲解问辩区、交流区。

七、教学地点、时间

科技馆、学校的电子教室或活动教室；时长 90 分钟。

八、教学过程

表 2-18　教学过程

教学过程	教师活动	学生活动	设计意图
情境导入	复习回顾：经过本学期的学习，同学们对"多维大脑、创新思维"有哪些了解和体会？请大家说说，并简单填写。 多维大脑十个维度 创新思维十个方法 之前讲过的创新思维训练题，你印象最深的是哪个？为什么？ 你的思维方式有哪些变化？ 创新探索的主要过程有哪些阶段？ 你的创新课题遇到过什么困难？怎么解决的？ 你是怎么选题的？怎么开展调查研究？涉及了哪些学科？怎么融合起来的？ 你喜欢自己做创新项目吗？	聆听、回忆、总结、提炼。 填写表格，各抒己见，交流分享。	回顾本学期课程内容，围绕多维大脑、创新思维，启发学生概括总结。 结合学生自己课题研究的经历，全局性地理解学习。
学生成果交流分享、评价鉴赏	从学生个人愿望和选题类别角度考虑，本次课精选 8 个项目进行展示交流，提前准备好展示发言。 交流《废旧塑料袋压缩成块，促进垃圾分类细化的研究》《快速查找个人快递件的装置》《关于井盖文化的建议》《基于全民健康老旧小区改造研究》《手机与古诗词的研究》《超市一次性冷冻标签的设计研究》等研究成果。 要求： 每个项目的展示步骤：1. 自我项目陈述（4 分钟）。2. 现场师生问辩（3 分钟）；8 个项目展示完，现场自由发言、评价互动（10 分钟）。	聆听要求、准备学习记录单及时记录学生发言情况和项目内容要点。 进行 8 个项目的研究的同学进行发言并回答问题，场下其他同学模拟专家现场问辩。 结合评价指标，对发言的同学进行综合鉴定，填写学习记录单。8 个项目展示完，进行 10 分钟的学生互评，学生自由发言陈述自己的观点，总结评价	快乐创新、互相学习、取长补短、分享成果。 敢于提出问题，勇于大胆质疑，灵感、直觉、批判、辩证、发散……与创新思维相伴，是创新实践的核心。

续表

教学过程	教师活动	学生活动	设计意图
学生成果交流分享、评价鉴赏	评价指标：科学性、新颖性、实用性、学生全程的参与度、语言表达能力和讲解PPT的水平、是否在规定时间内完成等。 组织：按照活动区域进行划分，发言、提问、交流、评价等环节的准备。学生现场抽签决定发言顺序，计时控制时间。 宣布开始：学生按照抽签顺序及时间要求进行讲解，提前30秒做准备。 小节、点评：肯定、鼓励学生的才华与创意，并提出修改意见，为下一步开展课题研究做好准备。	项目的优点和不足，提出建议和改进方向等。 各抒己见，有争议、有辩论，对自己的项目成果也有指导和促进意义。	用发展的眼光看现有的创新成果，再改进、再深入、再有前瞻性……不断地思考、精益求精、坚持不懈。
教师创新作品展示	同学们的创新成果都很精彩，下面也来看看我的创新作品吧，我研发的教具《创意罗盘寻迹车》。 播放：教具演示视频，与传统的寻迹车有何不同？怎么实现功能？（扫描二维码） 分析：研发的原因是为了解决教学中传统的寻迹问题，拓展寻迹方法，培养学生的逆向思维、发散思维，最终提升创新思维。 引导：大家能为老师研发的教具提出改进建议吗？	观看视频，思考、讨论、发言。 针对老师研发的教具提出建议，怎样改进能更有利于教学？	教师创新示范，激发学生创新热情，培养科学态度和科学精神。 明确创新发明的目标，是为了解决实际问题。 创新应该不断发展进步，不断更新精进，这就是创新的魅力和奥秘，为未知而教，为未来而学。
总结提升	作为学期或学年总结，再次强调：掌握"多维大脑、创新思维"的内涵和外延，将知识、理论、方法应用到实际生活中，学以致用，尝试解决生活中的问题，造福人类，是社会责任的体现。 总结：热爱生活、快乐创新、发现问题、大胆质疑、调查研究、创意设计、优化方案，培养持之以恒的创新精神和意志品质。 延伸拓展：鼓励学生继续提出科学建议、撰写科技论文、制作发明创新作品。	聆听、回顾。 记录学习要点，对于学期或学年的创新作业，充满探索热情和好奇心，快乐创新进行时……	总结强调课程体系的宗旨、特点、优势，促进学生创新思维的提升。 科技创新教育，也是德育教育，培养认知美德，立德树人，贯穿教学始终，延伸拓展到课后。 快乐创新，持续发展。

九、教学效果测评（见第二章第一节表 2-2、2-3）

十、附件（略）

第三章
多维大脑——科技创新思维课程实践应用成果

作为当代科技教师，肩负着时代教育重任，应该敏锐地洞悉科技发展新趋势、把握科技前沿动态、认识新科技革命带来的机遇与挑战。教师在教学中应更好地普及传播、传承发展，善于探索新模式，更为有效地创设科技创新思维课程。

教师应注重个人专业能力的发展，在基本能力、教学能力、教育能力、教研与自我发展能力、教学改革与创新能力方面不断提升自己，增强自身创新实践力，将教学与科研相结合，提高教学质量，启迪学生创新思维的迁移应用，起好示范作用，体现教与学的传承。

在科技创新的道路上，老师和学生都是充满好奇心的探索者和勇敢执着的实践者。人类具有无尽创新的潜力，经过开发才能释放。全面普及科技创新思维课程，以创新思维培养为主线，学习认识、实践应用、持续创新，激发人类无尽的潜能。

下面仅选择笔者作为科技教师个人发展的3个科研成果（教具研发论文、研学探索论文、原创科技童话）和辅导学生的5个优秀创新成果，并解读分析选题的视角和研究的全过程，启发、激活多维思考，指导探究策略和不同科研成果的撰写方法，以达到引领示范的作用。

第一节 科研成果与解读分析

科研成果一 "创意寻迹罗盘无线智能车教具"的研发与教学应用

> **解读分析：**
>
> 笔者研发该教具是为了解决目前电子信息技术教学中常规的寻迹方法传统单一、思维定式，且一般都是先给出单线的黑白线轨迹图纸，小车再按照图纸寻迹行走，不利于知识的拓展延伸和创新思维培养的问题。
>
> 针对这一问题，笔者在教学中反复思考解决方案，从逆向思维、发散思维、批判性思维、直觉思维、灵感等视角，展开教具研发探索，最终采用创意寻迹罗盘方式，即光电反射模块识别罗盘纸上的两路黑白线轨迹，控制小车运动（教具演示视频和文字说明PPT，扫描P102二维码）。这样做拓展了寻迹方法，让学习更有乐趣和色彩，冲破了固定模式：反向思维、自主设计绘制罗盘上的寻迹图案、与小车已有运动线路相对应。学生全程互动体验：搭建、焊接、编程、场地赛，将单片机、无线通信、物理、工程等多学科知识融合渗透，多认知、多主题、多热点地培养创新思维，融入多维大脑。该成果入围2020年全国科技创新大赛教师教具发明大赛。笔者将该教具在全国多所中小学进行教学应用，也在教师培训和为大学生讲课时讲解过该教具，受到各界一致好评。

教师研发新教具，使教学科研相得益彰，鲜活、直观、生动地讲授知识和技术，极大地激发了学生的学习兴趣，让思维活起来、亮起来、跳起来，提高了教学质量。教师为学生讲述研发教具的艰辛过程：如何发现问题、提出问题、设计方案、加工制作、反复修改、总结反思、应用迁移，如何克服重重困难、坚持不懈。研发新教具提升了教师自身理论实践能力，也启迪了学生的创新实践。学生在创新实践中，树立起探究意识，提高科学素养，并学以致用，造福人类，发展了学生的核心素养，达到立德树人的教育目的。

在多年的教学中，笔者研发了 8 种系列教具，编著出版了《蜘蛛之谜——可编程电子创意制作》，得到了师生们的喜欢和认可。

一、研究背景

（一）学习电子信息技术是当今人类社会发展的需要

电子信息技术已成为当今社会科技的重点，推动着社会高速发展。巡线技术、单片机编程、无线通信 zigbee、Wi-Fi 技术、电子技术、智能控制等都在实际生产中应用广泛，因此，学习现代电子信息技术是当今人类社会发展的需要。

（二）电子信息课堂的教学现状和广大师生的需求

在多年的教学实践中，笔者发现，学生很想了解、学习身边的电子信息技术，但是，迄今为止，电子信息课堂教学一般都是老师系统讲解理论知识，缺少生动直观的教具，难以清晰地再现知识的生成与变化过程，学生总感觉抽象枯燥，不利于知识的理解应用，不能达到很好的教学效果。

因此，从广大教师和学生的需求出发，非常需要研发新颖直观的教具，形象讲解演示，增强学生学习电子技术的积极性和自信心，提高课堂教学质量。

（三）教学改革、新课标对教师专业能力的要求

教育改革供给侧和新课标要求教师不能仅仅是传统教材的传授者，还应注重教学改革创新，善于用新思路创设特色课程，将教学与科研紧密结合、相得益彰。教师研发教具利于促进有效教学、提升教师自身理论实践能力，也用亲身经历为学生示范创新。学生在合作完成创意作品的过程中，树立探究创新、技术应用改善生活的意识，增强社会责任感，立德树人。

二、研究目的

（一）提高课堂教学质量

1. 利于教师"教"

该教具的演示利于教师直观形象地讲授寻迹原理、创意罗盘寻迹、zigbee

无线通信、电子技术、单片机编程、硬件设计制作，展示抽象知识的生成过程。

2. 利于学生"学"

该教具也利于学生全程参与学习：自己焊接电路板、DIY拼插组装外观、现场编程等。学生动手实践、交流体验等互动环节，利于学生学习，符合学生的认知规律，充满乐趣，开阔学生眼界，加强创新意识和电子信息技术的实际应用，提高了教学质量。

（二）教育资源的开发和利用

科技教师在教育教学中应注重对教育资源开发和利用的研究，根据学校和学生特点，用新方法和新思路创设内容丰富、新颖的电子技术小组课程，激发学生学习兴趣，学生乐于参与，利于学生理解和应用。

三、研究方法

（一）文献研究法

通过调查文献，了解电子信息技术实物教具的历史和现状，从而利于自己教学上的探索和创新。

（二）调查法

对多所学校的老师和学生进行走访和调查，并对调查搜集到的大量资料进行分析、综合、比较、归纳，得出结论：100%受访师生都希望能有实物教具来阐述电子信息技术的知识原理和应用。

（三）经验总结法

在发明制作教具和教学应用的过程中，笔者不断地总结完善，比如结构功能、教学对象、难易梯度、材料使用、模型规格、外观形状和颜色等方面都进行了调整改进，只为达到最好的教学效果。

（四）实验法

在两个平行教学班进行实践对比，使用教具的班级在学习积极性、参与度、理解体验相关知识、解决相关问题的能力等方面，都高于没有使用教具的班级。

四、研究内容

（一）概念界定

1. 教学质量：学生对电子信息技术的理解应用，增强了创新和实践能力。

2. 教学应用：校内外现有的科技课、科学课、综合实践、研究性学习、通用技术课、校本选修课等，都可以开展该教具的教学应用。注重教育资源开发和利用、结合时代特色、根据学校和学生特点，实施内容丰富、形式新颖、时代感强的电子信息技术课程教学，吸引学生的注意力，调动发挥学生主体能动性。

（二）教具的研发

1. 教具的技术原理

采用创意罗盘寻迹方式，通过旋转罗盘上的黑白线图案来控制小车行走路线，一路光敏控制小车的一个电机，上面两组光敏，检测罗盘上的两路黑白线，光电反射模块识别罗盘纸上两路轨迹，分别对应控制小车的两个车轮，完成小车前进、转向、停止等运行。小车的两个轮子，前进时对应黑线、停止时对应白线、左右转时分别对应一条黑线和一条白线。罗盘内外两圈寻迹图案分别对应控制小车的左右轮子，罗盘的转速影响旋转角度，旋转角度是由痕迹线的长度和小车速度决定的。对应小车已知运动走出的各种路线，学生可以利用逆向思维自主设计绘制出旋转罗盘上的两路轨迹图案，寻迹控制，与小车已知路线图一致。如果罗盘旋转超过一圈，继续寻迹，就会重复出现小车已走过的路线图。

2. 教具结构设计与制作

该教具由硬件模型和软件开发工具组成，包括创意寻迹罗盘、自主研发软件开发平台、旋转角度器、光电反射模块、单片机、zigbee 模块、电机、外观组装散件等（教具实物如图 3–1 所示）。

（三）教具工作原理

创意绘制罗盘图案，通过旋转罗盘上的两路黑白线来控制小车行走路线，一路光敏控制小车的一个电机，上面两组光敏检测罗盘上的两路黑白线，光电反射模块识别罗盘纸上的两路轨迹，分别对应控制小车的两个车轮，完成小车

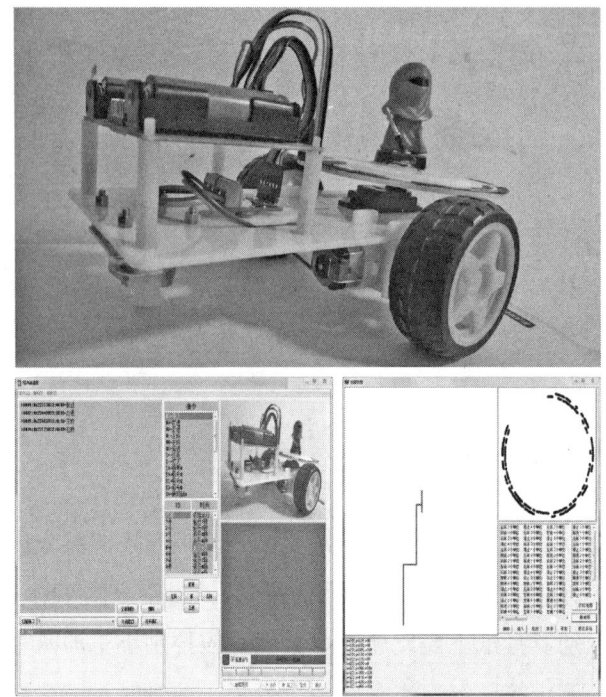

图 3-1 教具整体实物结构

前进、转向、停止等。先已知小车运行路线，可以利用反向思维自主设计编程绘制出罗盘上的两路轨迹图案，寻迹控制，与小车已知的路线图一致。通过电脑发送程序命令，通过无信通讯 zigbee 发送给小车，单片机收到命令后控制驱动器。单片机控制模拟开关，读取光敏电阻数据并编码后，处理识别信息，通过单片机控制小车运动行迹。

（四）教学实践与应用

1. 利用教具讲述软件知识的形成过程

在课堂上，初步讲述电子信息技术的内容后，笔者先问学生几个问题："同学们，我们生活中常用的寻迹原理、无线通信技术、单片机编程，智能控制、机械原理，你们都了解吗？扫描技术的原理是什么，又是如何实现信息交互的，你们了解吗？知道各种电子元器件的功能吗？单片机编程、软件设计开发呢？"

同学们一听，兴趣就来了。是呀，这些技术都与我们的生活息息相关，再熟悉不过了，但是，对于其技术原理和应用却都说不具体了。

此时，笔者打开整套教具装置箱，告诉大家，这是老师自制的创意寻迹罗盘无线智能车教具实物，请同学们一起来组装模型，了解它们的机械和电子结构，明确每个元素与整体的关系。

笔者邀请同学们到讲台上一起组装，组装好模型后，打开笔者研发的软件平台，通过无线通信方式下载程序，现场编程处理数据信息，控制小车运动。

2. 利用教具体会硬件设计原理

笔者问学生："这个教具的硬件设计是由哪些部分组成的？"

同学们看着教具，回答道："外观搭建结构、马达、单片机、舵机、zigbee、Wi-Fi 等无线通信模块、红外模块、电路板、按键、LED、电容、电阻……"

笔者很高兴，引导道："现在，请大家感受一下我们讲过的机械结构原理，比如 360 舵机、脉冲控制舵机的速度和方向、20ms 左右的时基脉冲……再请大家体会一下反转、正转、不转是怎样实现的。"

同学们探索实验："该脉冲的高电平部分一般为 0.5ms—2.5ms 脉冲，0.5ms 反转最大速度，2ms 不转，2.5ms 正转最大速度。"

笔者继续启发："光敏电阻，同学们都见过，但是教具上的红外模块，大家见过吗？是如何构成的，又是如何扫描采集数据图片的？"

学生通过观察结构，得出结论：每一路检测电路都由一个白色发光二极管和一个光敏电阻构成。结合所学寻迹原理，得出：当遇到黑色轨迹时，光被吸收，光敏电阻阻值变大。遇到白色光被反射到光敏电阻上，光敏电阻阻值变小。通过 ADC 检测光敏电阻电压变化，单片机就可以识别黑白线。同学们运行程序数据分析得出：单片机 ADC 采集该电阻上的电压变化来实现光强度检测。光敏阵列通过一系列光敏电阻连续采集，就可以采集到一行的数据，连续采集多行，就可以还原出地面图片。

笔者问学生："无线通信设备到底是怎样发送和接收信息的？"

同学们利用传输实验发现，无线通信需要指定目标地址和源地址，这样其他模块收到数据后，可以通过目标地址判断是否发给自己。当目标地址明确发给自己时，需要根据数据的源地址，发送返回信息，即完成一次通信。

学生们非常兴奋，他们从多角度学习体验了一向认为深奥抽象的电子信息技术，大家都认为通过教具来阐述这些内容很清晰，还能了解知识动态形成过程，效果很好。

3. 启发学生创新实践

笔者让学生明确了创新的最终目标是解决实际问题，可以是教学中的问题，也可以是生活中的问题，科学技术能改善生活、造福人类。笔者讲述了自己研发教具的全过程，遇到的困难、如何改进完善等，以期增强学生的意志品质和社会责任感。

同学们顿时感觉眼前一亮，兴致倍增。他们没想到老师还能发明教具，更没想到在抽象枯燥的电子信息技术课上，可以自己动手焊接电路板、拼插搭建组装外观、现场编程处理信息、动手实践、交流互动，极大程度地点燃了学生们的创新热情和用所学知识服务社会的渴望。

五、研究结论

（一）教学应用的效果

1. 教学实验对比

笔者在所教的两个平行班里做了对比实验，使用教具讲述的班级，学生参与课堂的积极性更高，在对信息技术理解和应用上好于没有使用教具的班级，在相关知识创新实践中，能力要高于没有使用教具的班级。

可见，采用实物教具是一种行之有效的教学手段。实物教具从学生的学习兴趣入手，搭建学习平台，增加学生参与互动环节，将多种电子信息技术知识融入教具的教学功能设计中，科学合理地设计教学过程，激发学生的创新热情与实践探索。

2. 教学效果评价

笔者在部分中小学上电子信息技术课，在教学过程中使用该教具，初步达到了预期的教学效果，得到了老师和同学们的好评，师生反馈摘录如下："该教具设计较新颖，原创设计采用创意旋转罗盘寻迹方式，目前没有同类教具。

利于教师讲授展示电子信息技术，通过 DIY 组装外观、寻迹技术、无线通信技术、智能控制，增强趣味性，激发学生学习热情，该教具知识综合性强，适合不同层次的学生学习。""该教具增加了课堂互动环节，通过教具模型演示与实践体验，学生感到电子信息技术不难、不深奥了。看到老师研发教具，也点燃了学生创新探索的热情。"……

3. 从课堂教学量化评价表分析

表 3-1　课堂教学量化评价表

项序	评价项目	评价要点	评价（满意的部分划√）
1	教学目标教材内容	正确把握教材的地位、作用及前后联系	
		准确客观分析学情，把握学生认知规律	√
		三维教学目标明确，重、难点把握准确	√
		知识讲授准确，体现学科的综合性	
2	教学过程教学方法	情境创设新颖，导入方法自然	√
		课堂结构合理，活动安排科学	
		教学方法灵活新颖，主导作用充分发挥	√
		师生互动，合作交流，体现主体作用	√
		重点鲜明突出，难点突破巧妙	√
		恰当使用多媒体辅助教学	√
		评价方法能促进学生的进步与发展	
3	教师的基本素质与能力	语言准确，普通话标准	
		板书规范，设计合理	
		示范操作熟练规范	√
		科研探索能力强	√
		教态自然大方，举止得体	
		驾驭和调控课堂能力强	
4	教学效果教学特色	教育教学理念先进、科学	√
		整体设计合理巧妙，符合学生认知规律	√
		达到预期的教学目标，教学效果好	√
		体现独特、创新的教学风格与特色	√
		激发学生创新实践、用所学技术服务社会	√

新的课堂教学评价标准应首先关注学生的学习，体现新课程的核心理念是为了每一个学生的发展；强调教学内容与学生生活以及现代社会和科技发展建立联系；倡导主动、合作、探究的学习方式；使学生学会学习，形成正确的价值观；培养创新精神与实践能力。笔者利用自己研发的教具开展教学活动，在以上表格中，加粗部分的内容都特别受到学生和老师的好评。

由以上量化可以看出，教具研发与应用，体现教师独特创新的教学风格和先进科学的教育理念。

（二）学生创新思维迁移、成果展示

通过使用该教具，学生学习创意罗盘寻迹原理、单片机控制、光电反射技术、程序编辑处理，识别两路罗盘黑白线、用逆向思维和发散思维绘制图纸与小车路线对应、电子技术、无线通信技术等科学原理和方法。在教师创新学具的启发下，学生的创意思维空间得到极大拓展，应用到各自的科技创新研究探索中，并取得了一定的成果。

例如：学生通过该教具可以将这一思路迁移拓展应用到"大型仓库或超市的罗盘寻迹运货车"设计中，解决实际生活中的问题。学生的《无线通信快速取件装置》《无线通信智能遮雨机器人》等二十几个创新项目都取得了优异的成绩。其中，学生创新研发的《互联网+"城市生活垃圾高效回收"手机 App 研究》《无线通信电子产品电磁辐射的分级研究》《名胜古迹实时位置推荐诗行万里手机 App 的研究》等项目，获得青少年科技创新大赛全国一、二等奖和国际专项奖，学生的优秀成果分别被《中国中学生报》《中国环境报》《中国科技教育》《人民政协报》等报刊媒体宣传报道。

（三）创新点

1. 目前没有同类教具。原创设计采用创意旋转罗盘寻迹方式，电反射模块识别罗盘纸上两路黑白线轨迹，完成小车前进、转向、停止等方式的运行，启发创新思维，学生用反向思维，自主设计绘制图案，画出小车运动相对应的控制轨迹。

2. 自主研发软件开发平台。学生自主设计编程绘制罗盘双路寻迹图、单片机编程、zigbee 无线通信方式传输程序数据，控制小车多种运动。

3. 该教具既利于教师直观讲解，也利于学生全程参与搭建焊接、编程，激发了学生的学习热情，提高了教学质量。针对不同学段的学生，可以分层次开展教学内容。

4. 适用于电子信息技术课程、STEM 教学、创新思维教学等，学习知识，也增强创新能力，学会举一反三，用所学知识解决实际问题，造福人类，服务社会，增强社会责任感，立德树人。

六、不足与展望

该教具在教学中初步达到了预期效果，下一阶段的改进方向是：

1. 从技术方面：加齿轮传动，使速度更稳定；加三个电机，分别控制罗盘转速和小车电机速度，采用可调电阻来调节控制电压；教具整体设计更有趣味性，便于推广使用。

2. 从教学应用方面：进一步拓展学生创意空间，举一反三，学以致用，联系实际发明创新，服务社会，增强社会责任感。

七、参考文献（略）

科研成果二　研究性学习探索——音乐与数学

解读分析：

笔者从学生们热衷的音乐艺术入手，巧妙结合高中数学内容，开展了研究性学习——音乐与数学的创新课题探索活动。这种选题是为了增加学生的心理共鸣和参与度，将感性的音乐与理性的数学结合起来，揭示二者之间的联系。将逻辑思维、发散思维、辩证思维、形象思维、批判性思维等有机结合，以学生们喜爱的通俗音乐为载体，用数学将其进行量化分析，从而逐步增加对抽象数学的学习兴趣和信心。果然，这个研究性学习课题吸引了很多音乐爱好者。科技与艺术同行，找寻音乐与数学的不解之谜，挖掘大脑多元思考的潜质。正如福楼拜所说："越往前走艺术越是科学化，同时科学越是艺术化。两者在山麓分手，有朝一日终将在山顶重逢。"

通过学生们对这一课题深入具体的研究、大胆实验、演奏多种乐器并录音、数据量化、对应函数表达，收获颇多；通过音乐、数学、物理、计算机等多学科知识的学习和应用，引发学生从多维度、多层次、多方位思考问题、解决问题，实现多认知、多质感、多发展的创新体验。在知识基础、方法技能、价值态度和综合能力上都有了提升，促进了学习成绩的提高，使学生的情感态度和人格得到正确引导。在整个过程中，音乐感化了学生们的内心世界，最终增强了学习数学的热情和自信心，提高了合作学习意识和自主创新精神。

研究性学习对于教师自己也是一种挑战和个人发展的机会。笔者在和学生共同完成研究性学习中相互启迪提升，课题的深入开展也是教师自身专业水平不断发展和完善的过程。教师应逐步理解和把握研究性学习中创新思维培养和指导的方法，发挥自身潜能，力争取得更多教育教学的成果。

本文以研究性学习成果汇报的形式呈现全过程，希望能对老师和同学们跨学科探索有所启发和帮助。该科研成果获得北京市京研杯征文评选一等奖，论文得到发表，受到师生们的好评和领导、专家们的认可。

一、引言

笔者开设了《音乐与数学》这一研究性学习课题，旨在让同学们探索音乐与数学的关系，使他们认识到，其实数学知识并不枯燥抽象，它和音乐的律动交织在一起，充满了生命力，从而激发学生学习数学的热情，提高学习的主动性和自信心，增强合作学习的意识。对这一研究性课题，学生体现出很高的热情，经过一年的努力探索，客观而深入地揭示了数学和音乐之间密不可分的关系，收获很大，得到了一些研究成果。我们不应再简单地把音乐归为文科，数学归为理科，更不该把它们分开。如今《音乐与数学》的研究工作还在进行。

二、研究的第一阶段：搜集素材揭示二者联系

对于这一问题，学生做出如下结论：音乐的出现是直觉，音乐的基础是数学；音乐是人类精神通过无意识计算而获得的愉悦感受，而数学可以将这种抽象的感觉进行量化。

数学会与音乐有关系吗？带着这样的疑问，开始了《音乐与数学》这一课题的研究。学生们分小组从生活中搜集材料，发现音乐与数学是密不可分的。数学离不开计算，人们想到数学、数学家，说到陈景润与"哥德巴赫猜想"，都会自然想到计算，甚至觉得数学家简单到只需一支笔和一堆纸就可以工作。

在中国古代，音高和乐器的弦、孔的关系，体现为多弦乐器上不同的弦及弦的不同部位或最早的打孔乐器不同的孔表示不同的音高。由于西方音乐发展过程中逐渐把键盘乐器摆在"霸主"地位，这或许是由于教堂管风琴的影响，使得键盘乐器同人声与弦乐器之间总存在着难以弥合的音差，比如键盘乐器无法表达出弦乐器揉弦的声音，这给调音带来麻烦，于是不得不以钢琴为基础，在有钢琴参与的演奏中，所有乐器的调音是以钢琴为准。钢琴统领着一切乐器，是乐器之王，其形体也是个庞然大物。键盘乐器每个音之间的音差，不是人耳自然分辨的结果，而是一种数学计算和推理。巴赫的 48 首十二平均律钢琴曲，实际上是数学计算得出的数据所显示的和谐声音，音乐的和谐与美感体现的是数字的和谐与美感。这种数学的或数字的关系，到勋伯格发展到了极端化——12 音体系——也由听音乐产生美感转变为看乐谱看到美感。

十二平均律的计算成果并不是西方人的发明，我国明代学者朱载堉早在 16 世纪就完成了十二平均律的理论和计算，这在当时处于世界领先水平。朱载堉用 81 档的大算盘开平方、开立方，在黄钟正律和黄钟倍律之间求出了 11 个数：

黄钟　　正律（c）1.000000……

应钟　　倍律（b）1.059463……

无射　　倍律（#a）1.122462……

南吕　　倍律（a）1.189207……

夷则　　倍律（#g）1.259921……

林钟	倍律（g） 1.334839……
蕤宾	倍律（#f） 1.414213……
仲吕	倍律（f） 1.498307……
姑洗	倍律（e） 1.587401……
夹钟	倍律（#d） 1.681792……
太簇	倍律（d） 1.781797……
大吕	倍律（#c） 1.887748……
黄钟	倍律（c） 2.000000……

朱载堉所称的"倍律"比正律低八度，所列的数字表示振动体（弦）的长度。

通过这一阶段的研究，学生对这一课题产生了浓厚的兴趣，也使得他们更多地去研究数学领域的知识，这无疑会提高学生的数学成绩，增强学好数学的信心，强烈的求知欲使他们继续探索。

三、研究的第二阶段：探索验证音乐与函数的关系

学生学习了一次函数、二次函数、反比例函数、指数函数、对数函数、正余弦函数等，有同学就提出：音乐经过量化是否会跟这些函数有关系呢？为此，学生们进行了大量研究。

（一）研究成果1

将三种乐器进行现场录音、采样并输入电脑，利用数据拟合，可得到指数型函数：$y = a \cdot 2^x$

首先，学生找到 COOL.EDITER 软件，之后弹奏多种乐器（钢琴、小提琴、长笛、吉他、口琴、小号、鼓）。学生开始选用复杂的旋律进行录音、采样，发现效果不明显，又经过大量的试验，发现利用音阶（或简单的旋律）进行采样分析效果最好。以钢琴为例，由学生演奏三段音阶旋律，现场录音，得到音阶音频的数据和图象。

1. 第一段音阶

学生弹满钢琴的 88 个键，音阶密度相对比较大，小组同学进行录音、采样、输入软件 COOL.EDIT 进行数据分析和处理，可以得到点线清晰、色彩鲜明的曲线图，可以揭示每一组数据的关系。以两组数据为例加以说明：

（1）下图是钢琴音频（Hz）与时间（hms）的关系图：

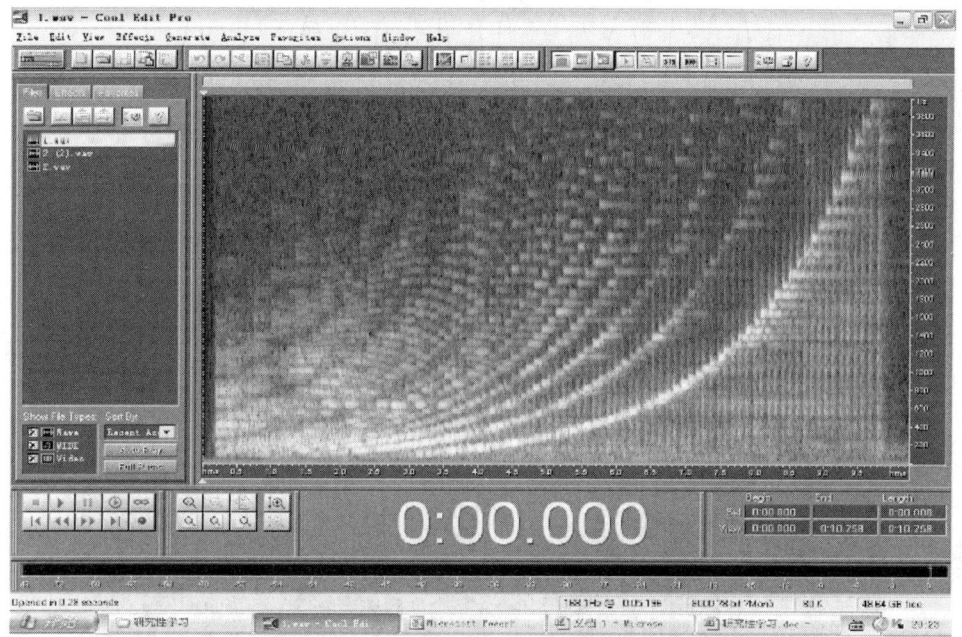

图 3-2　电脑显示音频与时间的关系图

其中时间与音频的关系图与所学的指数型函数图象（如图 3-3 所示）非常相似，和我们进行数据拟合的结果也是一致的。该函数的解析式为：$y = u \cdot 2^x$（图中色彩的明亮程度与力度有关）。

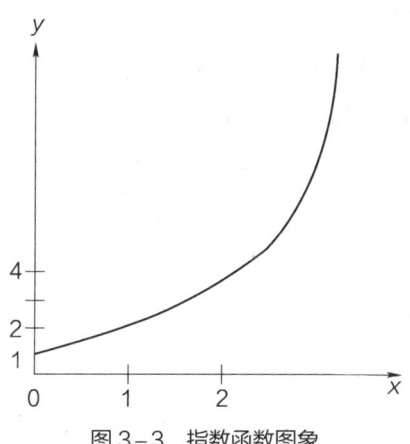

图 3-3　指数函数图象

（2）下图是钢琴波形振幅（smpl）与时间（hms）的关系图：

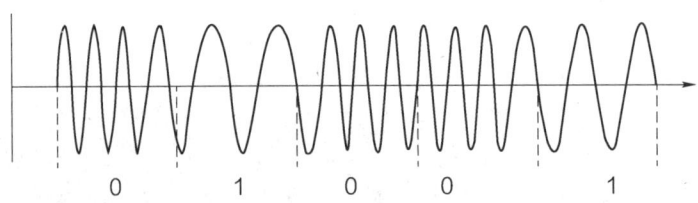

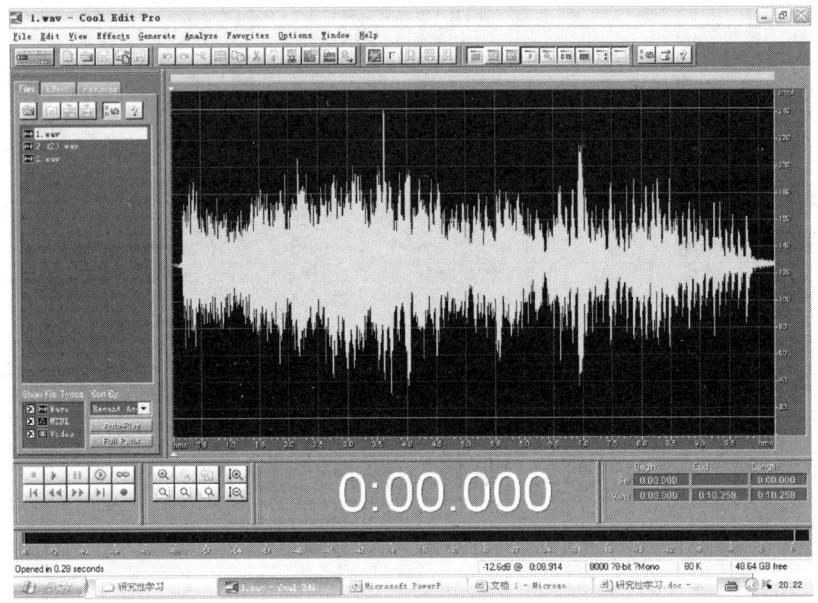

图 3-4　电脑显示图像与波形图对比

看到这些清晰的图像，学生们都非常兴奋，这是他们共同努力的结果，增强了他们的合作意识，遇到问题能想办法克服，使他们充满了信心，这几个同学学习数学的兴趣也提高了。看到他们工作的进展，笔者很高兴，而且被学生们钻研的精神所感动。作为教育工作者，笔者也学到了很多新知识，更新了观念，开阔了视野，激发了继续学习的欲望，唤起了教学工作的灵性，大大提高和深化了教师对教育工作内涵的理解。教师的肯定和鼓励使学生的探索热情更高。

2. 第二段录音：同学们用钢琴弹奏了大家非常熟悉的儿歌片段：

5　3　3—　|4　2　2—|1　2　3　4|5　5　5　—|

（1）下图是儿歌音频（Hz）与时间（hms）的关系图像：

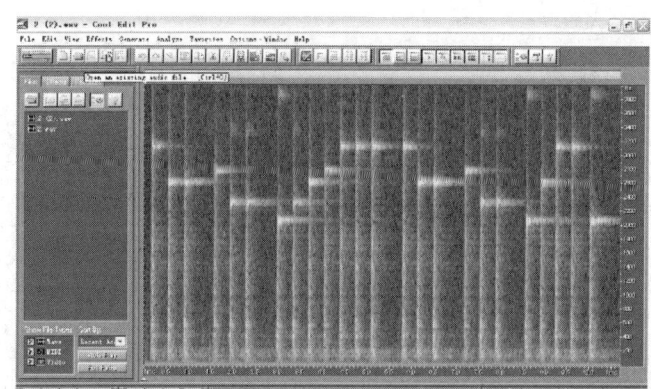

图3-5　儿歌音频与时间的关系

（2）下图是儿歌波形振幅（smpl）与时间（hms）的关系图：

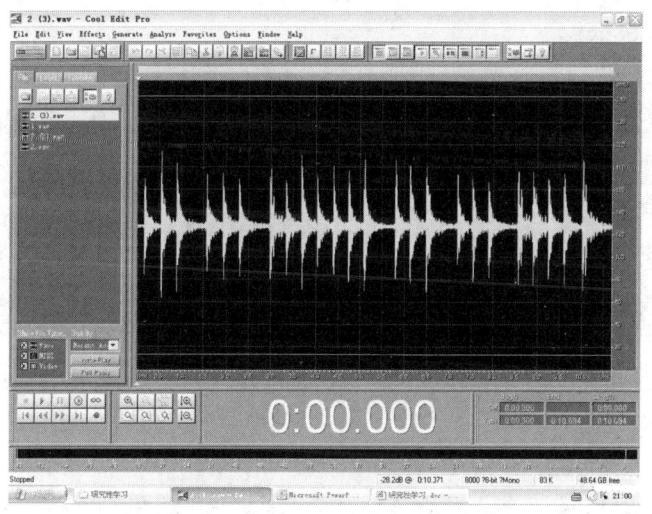

图3-6　儿歌波形振幅与时间的关系图

（因为旋律密度较小，所以为散点图。）

3. 第三段音阶：钢琴均匀弹奏1 2 3 4 5 6 7 1 7 6 5 4 3 2 1 2 3 4 5 6 7 1 7 6 5 4 3 2 1

(1)下图是钢琴均匀弹奏的音频(Hz)与时间(hms)的关系图:

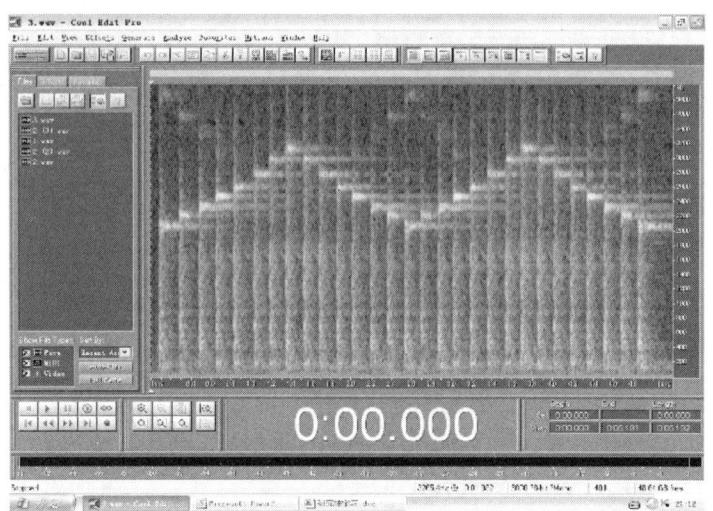

图3-7 均匀弹奏的音频与时间的关系图

(2)下图是钢琴均匀弹奏波形的振幅(smpl)与时间(hms)的关系图:

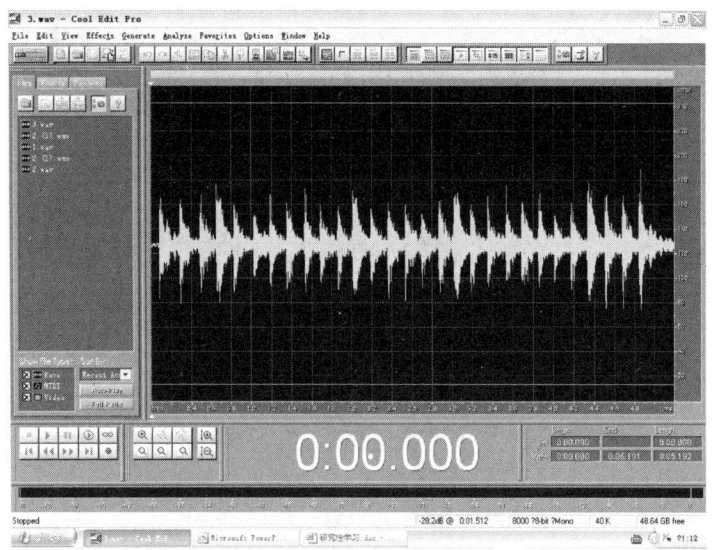

图3-8 均匀弹奏波形振幅与时间的关系图

4. 第四段是鼓点的录音:

(1)下图是鼓点的音频(Hz)与时间(hms)的关系图:

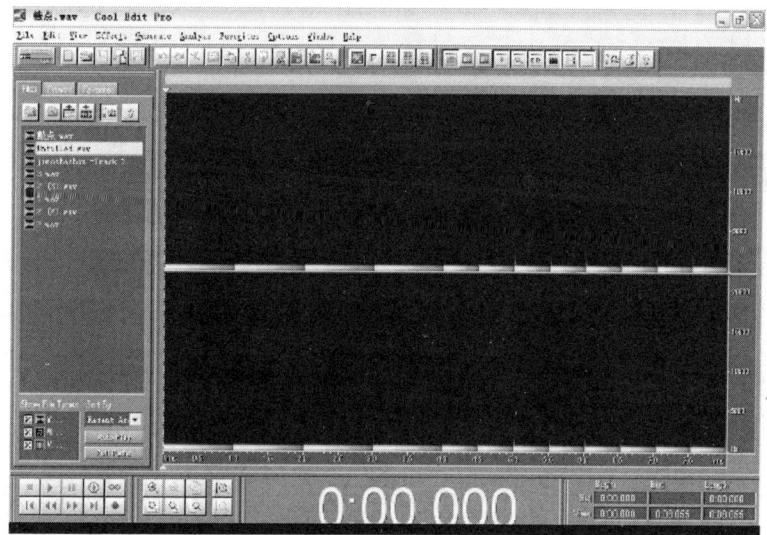

图3-9 鼓点录音的音频与时间的关系图

(2) 下图是鼓点的波形振幅(smpl)与时间(hms)的关系图:

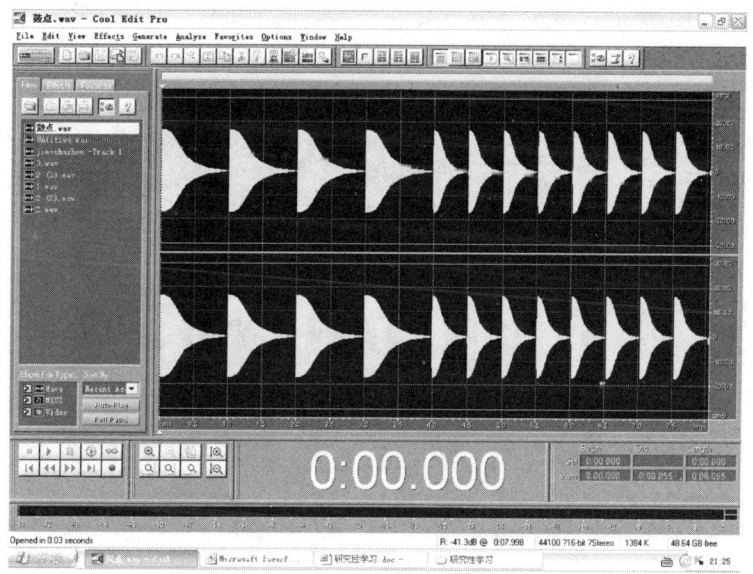

图3-10 鼓点波形振幅与时间的关系图

5. 第五段是小提琴音阶:

(1) 下图是小提琴音频(Hz)与时间(hms)的关系图:

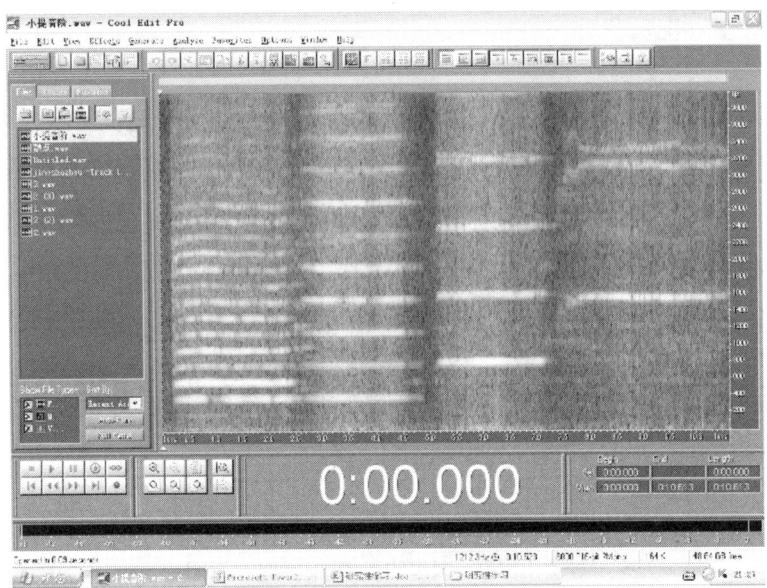

图 3-11　小提琴音频与时间的关系图

（2）下图是小提琴波形振幅（smpl）与时间（hms）的关系图：

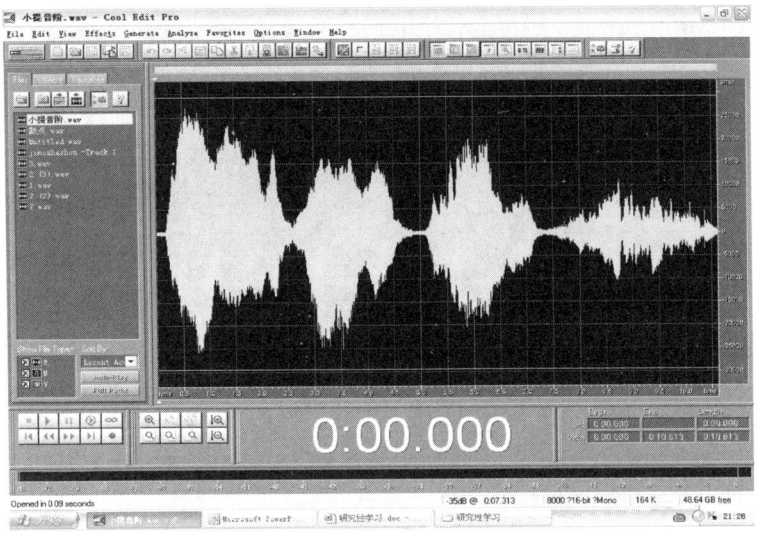

图 3-12　小提琴波形振幅与时间关系图

6. 第六段是拨弦音阶：

（1）下图是拨弦的音频（Hz）与时间（hms）的关系图：

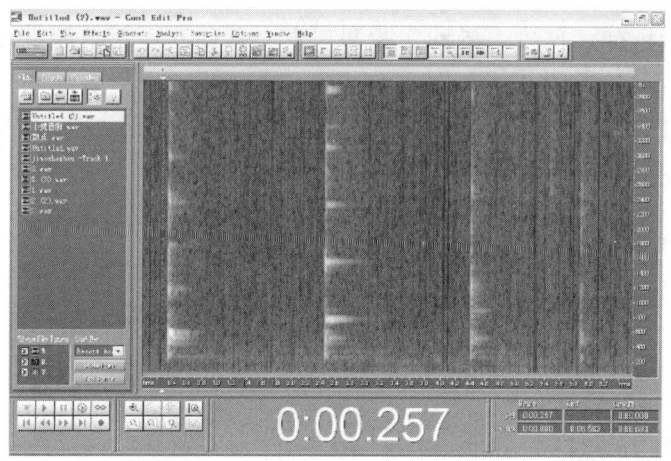

图 3-13　拨弦音频与时间的关系图

（2）下图是拨弦的波形振幅（smpl）与时间（hms）的关系图：

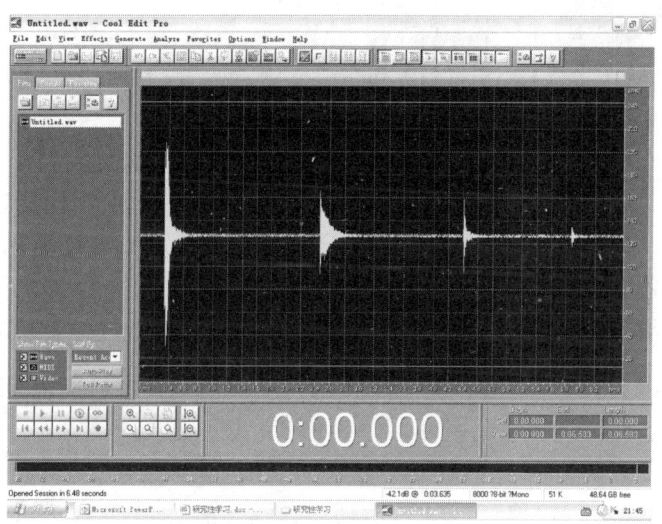

图 3-14　拨弦波形振幅与时间的关系图

从实验结果可以总结出一个规律，从古到今，乐器奏出的乐声总是符合数学计算规律，正是有这种数学规律作基础，音乐才能悦耳，才能步步发展到今天。

得到以上结论，学生们都很高兴也信心十足，他们认为研究工作还能继续开展，同时，他们对数学的学习兴趣和成绩都有了提高。笔者感到很欣慰，为他们的创新精神、孜孜不倦地实验和探索而感动。创新型的学习过程作为一种体验，逐步影响着学生的内心世界，学生的情感、态度和人格正在发生变化。笔者也越来越欣赏他们，跟他们有了更多的交流，也便于更好地开展教育教学工作。

（二）研究成果2

1. 抽样（如图3-15所示）

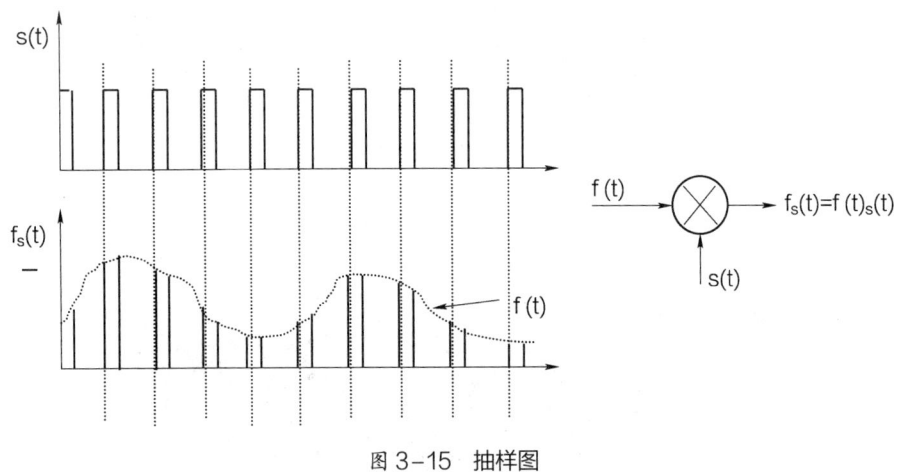

图3-15 抽样图

2. 保持

模拟数据的数字传输是一个转换过程，往往用特定的硬件或软件来完成（A/D）。A/D转换是需要时间的，为此要求在转换过程中样值乐声维持不变，这就是保持。

3. 量化

量化就是把离散时间的模拟样值乐声近似地用有限个数值来表示，在此，我们采用均匀量化，量化电平为常数，间隔均匀（如图3-16所示）。

同学们还发现乐曲数据的传输过程，就是把离散时间的模拟样值近似地用有限个数值来表示，也就是量化的过程。输入和输出可以利用对数函数和指数函数的转化来完成，经过处理可形成分段函数。模拟音乐数据的三种变化方式是频率、振幅和相移。每一种参数都可以作为调制参量。

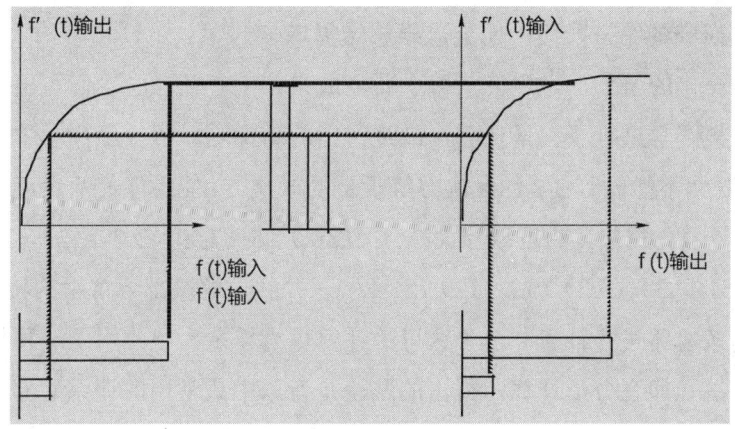

图 3-16 量化图

（三）研究成果 3

任何乐声都是周期函数，因此任何音乐都可以表示成简单的正弦函数之和。学生做出了小提琴奏出的声音图。

我们知道，乐声可以用正弦函数描述。正弦函数是周期函数，任何一个周期函数 $f(t)$ 都可以表示为 $f(t) = \dfrac{a}{2} + \sum\limits_{n=1}^{\infty} A_n \sin(n\omega t + \varphi_n)$（其中 a 是常数）。任何乐声都是周期函数，因此任何音乐都可以表示成简单的正弦函数之和。

例如：小提琴奏出的乐声如图 3-17 所示。

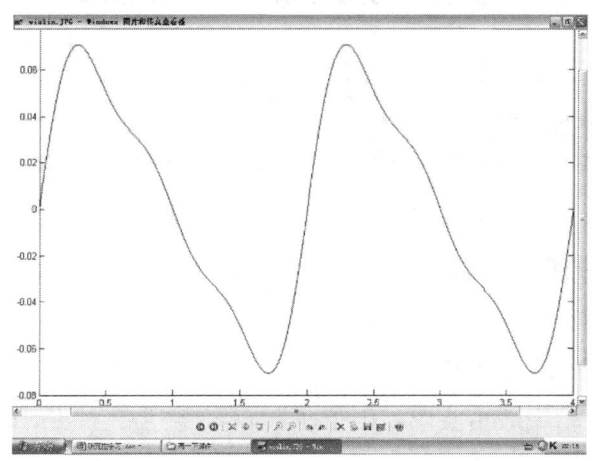

$f(x) \approx 0.06\sin 1000\pi t + 0.02\sin 2000\pi t + 0.01\sin 3000\pi t$

图 3-17 小提琴奏出的声音图

四、研究的第三阶段：研究成果总结提炼

经过一年的努力，学生们获得了研究成果，笔者辅导学生们写出了科研论文。其中某同学进行了大量计算，最终得出的新律制，解决了律学中古人遗留的问题，既然不能做到 3/2 的 a 次方等于 2 的 b 次方，能不能使两者近似相等？经过大量计算，得出三组近似等式：（1）$(3/2)^5 \approx 7.59 \approx 2^3$，（2）$(3/2)^7 \approx 17.09 \approx 2^4$，（3）$(3/2)^{12} \approx 129.75 \approx 2^7$，并尝试解决部分常用的转调问题，试着沿两条思路进行计算。由于这里的计算更为繁杂，她应用了一种相对简单的计算方法，即音分值计算，得出的结论是音乐中最常用的调系 C 调与 G 调。C 调与 G 调的转换也是音乐中最常用的转调，所以此处解决的是 C 调与 G 调的转换。此外，还有滴水测音高等实验。

总之，同学们经过一年的努力探索，得到了一些收获和成果，《音乐与数学》这一研究性课题还在继续。研究性课题不仅培养了学生学习的能力，还提高了学生的创新能力，增强了自信心和合作意识，提高了学生的学习成绩，唤起了教师教学工作的灵性，大大提高和深化了教师对教育工作内涵的理解。

五、参考文献（略）

科研成果三　创编科技童话故事——小水滴大战"火风怪"

> 解读分析：
>
> 笔者编写了系列科技童话《小水滴闯世界》，共 14 个故事。本次以其中《小水滴大战"火风怪"》为例，展示特色教学。教学的目的是通过科技童话故事，让孩子们学习水的来源、水的形态、物理数据、化学属性、水的用途、水的分类、水文化、水污染等方面的知识，理解简单却很重要的道理：
>
> 没有水，就没有生命，已有的生命也无法生存和延续；
>
> 没有水，就没有衣食住行，人类的生活无法延续；

没有水，适合动植物生存的环境就会受到破坏，失去生态平衡，变成荒芜之地。

爱水、护水、珍惜水资源是高尚、文明的事，人人都应该这样做。

编写故事的线索是小水滴们做毕业旅行：

1. 探访水与人类生活的关系，揭示水是生产之要，包括探访水电站、生产衣服的工厂、面包作坊、农田、建筑工地、医院、一户住家、自来水系统、地下排水系统等。

2. 探访水与各种生命的奇闻趣事，揭示水是生命之源，包括一滴水中的生命、为植物运送养料、帮助植物孕育果实、维持生命的生存等。

3. 探访水与大自然生态环境之间的秘密，揭示水是生态之基，包括湿地的恢复、森林中的一天、沙漠中的绿洲、极地、高原等。

主要人物介绍：

妮雅：喜欢探秘、有强烈好奇心的小水滴。

晶晶：喜欢洁净，是美丽小水滴。

淘淘：喜欢恶作剧，是淘气的小水滴。

乐乐：乐观向上的小水滴。

小刚：正义勇敢、充满智慧和责任感的小水滴。

校长（水滴爷爷）：知识渊博的校长，经常给小水滴讲故事。

故事开始——小水滴们唱着主题歌：

我们是快乐的小水滴，

我们生活得无忧无虑，

我们在蔚蓝的天空飘荡，

我们在江河湖海嬉戏，

我们让地球充满生机，家园更美丽，

啦啦啦啦……

（同时，镜头画面展现下一场景）

第一场景：小水滴山涧嬉戏

那天，参加毕业旅行的小水滴乐乐、晶晶、淘淘、妮雅在山间玩耍。它们开心地蹦啊跳啊，时而追逐溪流浪花，时而渗入泥土、钻进植物体内，时而碰到寒冷的岩石凝结成小冰晶，时而遇热又变成水蒸气在山顶缭绕……

忽然，地动山摇，隆隆巨响，河水飞溅起层层浪花。小刚保护着小水滴晶晶、淘淘，躲在一个巨大的岩石后面。

小水滴乐乐在颠簸中被甩到地上，随着下滑的泥土、石块往下滚，它浑身发抖，吓得直冒冷汗。在惊慌中，乐乐发现前面有一棵大树，它奋力跳上去，趴在一片树叶上，屏住呼吸……

第二场景：水库惊魂——"火风怪"重返人间

小水滴们当然不知道，此刻，在远方，大地巨响、火光四射，山体"嘎啦嘎啦"晃动分解，一股股热浪"呼呼"地奔涌而出，沉默的火山喷发了。

只听"嗖"的一声，被压在火山底部的一股热流奋力冲向天空，它挣脱了手铐、脚镣，咧开大嘴，露出浑身的利爪和吸盘，喷吐着鲜红的火舌，晃动着闪光的大犄角，狂笑道："吼吼！哈哈！耶耶！我终于又回到人间了！"这就是曾经给人类带来灾难的"火风怪"。当年，为了惩罚它的罪孽，它被重压在此地，没想到，一千年后的火山爆发竟让火风怪复活了。

火风怪得意忘形地扭动着身躯，跳着太空步，不断地变化着形状和姿态，一会儿像薄薄的云层延展弥漫，一会儿又像急速的旋涡席卷咆哮，一会儿游荡在密集的楼群中被撞成长方体，一会儿又无孔不入地在田间泥土和庄稼中穿梭。

跑着跳着，火风怪忽然喊着鼻子，不寒而栗："啊？这……不是水的味道吗？水？水！一千年前火与水就经历了一场战争，如果不是水家族，自己根本不会被关押在火山下面。

火风怪咬牙切齿地念着咒语:"呼啦啦!"发起了对水的复仇。它凶猛地从田间、池塘一扫而过,迅速吸干土地中的水分。地表裂开了无数道大口子,仿佛在说:"渴呀、热呀!"池塘里的水不见了踪影,鱼儿被火风怪席卷夹带到田间,有的掉进了地面的裂缝中,奄奄一息。

刚才还在用水车汲水灌溉田地的农民,此刻都惊呆了,他们奔走相告:"有妖怪把水都吸走了,今年的收成可怎么办呀?!……"

火风怪还不罢休,一边骂着"该死的水,让你们知道我的厉害!"一边念着咒语"呼啦啦"快速驶来。火风怪喊着鼻子,寻找水的踪影,它发誓:"一定要将水一网打尽、斩草除根!"

忽然,它好像闻到了小水滴的味道,一路追踪而来。

第三场景:小水滴与跌水、水力发电

待一切恢复了平静,乐乐这才擦了擦满脸的泥浆,耳边传来"哗哗哗"的流水声,他定睛观瞧——啊?!

原来,经过刚才的山体震动、滑坡,这里变成了悬崖断层,原来的河床断裂了,河水改道奔涌而下。

乐乐扒在断层最高处,探着脑袋看下面的山谷:"哇,好俊秀啊!"他捡起一片小树叶放在最高处的水面上,自己也随即跃到上面,紧紧依靠在叶片上做"冲浪"运动。

他跌落到水潭旁的岩石上,回头一看——"啊!太壮观了。大自然真是鬼斧神工耶!"乐乐忘记了刚才的险境,自言自语道:"这不就是瀑布吗?地质学上也叫'跌水'。"

"喂,你们快下来吧,很好玩儿。"乐乐向山上的小水滴们喊道。

看危险已经过去了,其他小水滴才跑了出来。

"太可怕了,落下去要粉身碎骨的呦!"高高在上的小水滴晶晶说。

"不会的,你们看我不是好好的吗?快来呀!"在乐乐的召唤下,小刚、淘淘等也纷纷跳进水里,像滑楼梯那样从混有泥土的跌水中冲了下去。

大家在岩石旁汇合,一边擦拭着脸上的泥,一边高兴地拍打着水花,嘿嘿

地笑个不停。

平日里最好打扮的小水滴晶晶惊呼道:"啊!泥都溅到脸上了,脏兮兮的,真受不了!"说完,晶晶特意拽了拽自己雪白的裙子,轻抚着自己的刘海,表示出她是多么漂亮和干净。

乐乐反驳道:"晶晶,你嘚瑟什么呀!别臭美了,与大自然亲密接触,那才是幸福呢。"

淘淘也催促晶晶,说:"别瞎白话啦,你快下来吧!还有很多美丽景色呢,别耽误大家赶路!"

晶晶说:"我怕脏嘛,还是变成水蒸气,飞下去吧。"她甩了一下自己的长发,意思是看看我的秀发,美丽吧?羡慕吧?可谁知,一不留神,晶晶滑了下去,真像仙女下凡呢!

小水滴们顺着山往下走,已是傍晚时分,远远看到灯光和一大片水流,还有人工大坝、从上游到下游形成巨大落差的"跌水"。再远处是郊区和城市,暮色中,车水马龙、点点霓虹交相辉映。

大家都很兴奋:"又看见跌水了,快来呀。"

在乐乐的带领下,大家从上游随着水流倾泻而下,悠闲地做着水上"漂流",还没明白是怎么回事,就改变了方向,先卷入一个管道,之后被冲到了下面。

情况很紧急,其他小水滴们都吓坏了,哭天喊地:"怎么回事啊?咱们进入魔鬼城堡了,救命啊!"

管道里的小水滴随着水势下落,重重地撞到什么东西上了,好像是个大轮子,竟然快速转动起来。大家惊慌失措地叫着:"我的头撞得好疼啊,好晕啊,救命!"

小刚和乐乐并没有恐慌,安慰其他小水滴:"不要着急,不要着急。"

小刚紧紧抓在轮子上,瞪大眼睛问:"喂,你是谁?转得我直头晕,你要干什么?"

那个家伙说:"哈哈,我是冲击式水轮发电机啊。我能干什么呀?你和我配合起来才能发电啊。"

乐乐莫名地问:"什么?这是哪里?"

那个家伙解释道:"这里是城市周边,人们在这里修建水库大坝,既可以提供生产和生活用水,也可以进行水力发电。"

"我们是怎么来到这里的?"乐乐问。

那个家伙比画着说:"你看,利用水流落差,通过管道将一部分水从上游聚集到底部。你就这样被带到了我这里。"

"啊?"乐乐回头看了看,这才明白,自己不小心跑进了引水通道。他继续问:"你为什么要转个没完?水力发电是什么意思?"

水轮发电机说:"明明是你们水流冲击我的叶片,我才旋转的呀!水处于高位具有重力势能,水向低处流,重力势能转化为动能。水带动水轮转动,水轮带动发电机转动,发电机把转动的机械能转化为电能。"

什么?什么?小水滴们好奇地眨眨眼睛,淘淘带头又从上面跳下来尝试,果然在水流的撞击下,水轮机转得更欢了。

小刚问:"你旋转跟发电有什么关系呢?你停下来会怎样?"

水轮发电机说:"我停下来,整个城市的供电系统都要瘫痪了。想知道旋转与发电的关系吗?好,来吧!让你们感受一下。"

小水滴们先纷纷下落击打水轮机叶片,转动开始啦。好不容易适应了旋转,小水滴们又感到头皮发胀,有一种无形的东西冲击着大脑,小刚问:"怎么回事?"

水轮机说:"大概是你们对磁场的辐射有反应吧?你看,水轮机转动带动线圈组正切割磁力线呢。"

乐乐说:"什么磁力线?切割它干吗呀?好玩儿吗?"

水轮机说:"发电机把转动的机械能转化为电能,产生电流啊。谁来试试触电的感觉?"

小刚抢在乐乐和淘淘前面,摸了一下水轮机提示的位置。他浑身一颤,头发都竖了起来,大喊道:"啊,胳膊好麻呀,受不了了!"他赶紧把胳膊缩了回来,瞬间又恢复了正常。

水轮机说:"这就是电流,会被电缆电线传送到下游的城市去呢。"

"电流很漂亮吗?传送到下游的城市去干什么?"忽然传来了晶晶的声音。

水轮发电机说:"电流能让城市变得很漂亮,它被送到工厂车间、万户千家，电灯、电视、电动机才能正常工作，电流遍布城市的每个角落呢。"

小水滴们都听傻了："哇，咱们齐心协力能发电，太厉害了耶。"大家欢呼雀跃起来。

第四场景：小水滴大战"火风怪"

忽然，风声响起，水库里的水位急速下降。顿时，水轮发电机、线圈组都停止了运转。小水滴们感受到一股热浪，浑身发烫，身体被什么东西向上牵引，有的小水滴已经被引力带走了，还有的小水滴歇斯底里地喊着："妖怪，妖怪！"

在莫名的慌乱中，小刚紧紧抱住水轮机，问："你怎么不转了？一片漆黑，我什么都看不见了。"

水轮机说："现在你明白了吧，我不旋转就无法产生电流，灯光都熄灭了。水库里的水变少了，没有落差我就不能转动。"

"啊，是这样……"小刚话还没说完，就被巨大的吸引力从管道里"揪"了出来。只见一个长着犄角、伸着火舌的怪物笼罩在水库上方。这正是火风怪，它喷吐着热量把水灼烧。小水滴们想蒸发逃脱，火风怪用身体把它们覆盖，用尖刺把它们扎晕，再用吸盘把它们汲到另一个地方，和今天从田地里强夺的水一起收集起来。

火风怪看守着水家族，肆意咆哮："该死的水、水、水！你们也有今天，呼啦啦！"担心有人逃跑，它从吸盘上剥离出一层不透气的膜，裹住小水滴们。火风怪想先打个盹，之后，再用最恶毒的办法惩治他们。

小刚是个勇敢机智的小水滴，他从水库的管道里被吸出来，一下子蹿到火风怪的犄角上，眼看着小伙伴们难逃魔爪，小刚想着对策。

小刚变成水蒸气，在城市上空飞旋着，寻找着机会。

因为没水没电，小刚看到城市里一片混乱：道路漆黑，公路上发生了多起交通事故，人流车流拥挤不堪；高层建筑里载人电梯悬在楼层之间，人们从楼梯爬上去展开救援；游乐场里的过山车、大转轮、疯狂老鼠、旋转木马等都瞬间停止，游客们哭声、喊声乱成一片，有的被困在半空中、有的头朝下动不了、有的慢慢从座位上爬出来……学校里一改往日悠扬的电子铃声，传来了一阵阵手摇铃响；工地上伸着手臂的大吊车忽然停止了工作，大块水泥板悬在空中，摇摇欲坠；医院里，有的手术做到一半，灯就灭了，为了病人，医护人员积极想着应急措施；超市里人山人海，人们在疯狂购物，饮用水和食品被抢购一空……天气闷热，没有了空调和电扇的帮忙，人们摇着蒲扇躲在阴凉处避暑；电缆电线也受到影响，城市部分通信设施受阻，人们焦躁又无奈……

　　小刚认为必须马上找到大量的水，才能解决现状。可是，水库里的水被火风怪控制着，那些小水滴都受伤了，很难逃出来。怎么办呢？

　　小刚忽然想起今天在高山上看到的跌水，能否请它们来帮忙呢？小刚赶忙上路，来找跌水求救。

　　跌水家族一听小刚描述的怪物，马上猜测："难道是……火风怪？这个恶魔又开始害人啦！"原来，一千年前的水火大战，就是火风怪和跌水家族的战争。火风怪想席卷地球，破坏地质环境，影响人类的生产和生活。

　　跌水家族一路追赶，想浇灭它的气焰。可是，火风怪非常嚣张，最后只能请冰山把火风怪冻僵，戴上手铐、脚镣压在火山下。谁知，随着地壳变化、火山喷焰，火风怪竟被释放出来了。

　　跌水家族迅速决定："咱们全家马上想办法流入水库，为城市提供水源，用水力来发电。"

　　"可是，跌水在上游，离水库还有一段距离，怎么办呢？"小刚问道。

　　跌水爷爷说："最初，人们想把这一带的河流引入水库发电，所以，在山上开凿隧洞、深埋管道。后来不知为什么，他们却选择了其他水源。"

　　"什么？"小刚瞪大了眼睛，问，"隧洞、管道在哪里？"

　　跌水爷爷说："因为山体总在变化，这个具体位置……我记不得了，还得请你帮忙寻找啊。"

　　借着萤火虫微弱的光，小刚尽力寻找。他回想着水库里管道的模样，在土里钻来钻去，终于在岩石堆的夹缝中发现了埋藏的管线，顺着线路，找到入口。

　　跌水家族的成员们争先恐后地跳进去，顺着管线，悄无声息地奔向水库。很快，库里又蓄满了水。随着水轮机的转动，城市的灯光亮起，一切恢复正常。

　　此刻，小刚的愿望就是要救出那些被火风怪控制的小水滴们。火风怪势力强大，怎么对付它呢？

跌水家族告诉小刚："遇到极低的温度，火风怪的身体会变得僵硬，只有冷冻才能制服它。当年，是请冰山帮忙的，如今地球升温变暖，我们所熟悉的冰山也不复存在了。唉！"

小刚灵机一动，说："冰库！城市里一定有冰库，我请那里的小水滴帮忙……"

"我也去，我也去……"水库的小水滴们也纷纷请愿，要与火风怪大战一场。

小刚说："你们还是留在这里保证城市的用水、用电吧，我去召集其他小水滴。"

跌水家族提醒道："要快啊，最好趁火风怪还没完全睡醒时收拾它，打败它不那么容易呢。"

听到此，小刚匆匆上路。他无数遍地念着："来吧，朋友，大家都来吧！"

只见成群结队的水滴学校的小水滴们都来了，他们问："小刚，出什么事了，这么晚还召集我们？"

小刚说："有妖怪把晶晶、淘淘、乐乐抓走了，还抓走了水库里其他的小水滴，咱们得营救他们啊。走，跟我走！"

小刚带路，他们边走边合计着营救方案……

来到一个大冰库，小水滴们很好奇："这么热的天，怎么会有冰呢？"

冰库说："用电制冷啊，刚才不知道为什么停了一会儿电，真把我害惨了！要是再停下去，这冰就都化了。"

小刚一听，心想："哼，都是火风怪干的好事，跟它没完！"

听完小刚他们的来意，冰库也很生气，它让所有的冰都变成冷气跟小刚一起去对付火风怪，它还通知了城市里其他的冰库一起行动。

待大家都变成了彻骨的冷气后，一起返回。

在路过水库上空时，忽然听到阵阵惊呼："救命啊，火风怪又来了！"

什么？小刚他们俯身观瞧，果然，又是它！

原来，火风怪发现城市灯光亮起，心里纳闷："水库的水都被我卷走了，怎么又发电了？我得去看看。"他把抓到的小水滴封锁在大土坑里，起身回到水库。

此刻，小刚带着勇敢的小水滴们冲了上来，把火风怪团团围住，撕扯扭打起来。一群小水滴进入火风怪的嘴里，它喷火的舌头立即僵硬了，随后，它的手、脚、身体都不听使唤了，吸盘里的水全部放回了水库。"怎么回事？你们是……"火风怪呻吟着，完全不知发生了什么事。

火风怪见势不妙，想转身逃走，它跌跌撞撞地向囤积水的地方跑去，小水滴们紧追不放。

小水滴们拦住它的去路，问："水库里的水，你藏到哪里了？"

火风怪指着自己冻僵的舌头，意思是："我没法告诉你们，除非解冻，我才能开口说话。"

小刚犹豫了一下，让一部分小水滴迅速变成热蒸汽，融化火风怪的舌头。

没想到，中了火风怪的诡计。

它浑身也温暖起来，手脚恢复了功能。见到冷气越来越少，他笑道："哈哈！吼吼！你们要完蛋了，去死吧！"说着要对小水滴们发起新的攻势。

"啊，不好！快躲开！"小刚大叫一声，保护着小伙伴们。

火风怪一把抓住小刚，想用火舌烫死它。

只听一声大喊："住手！"

就在火风怪愣神的工夫，成群的冷气小水滴又猛扑上来，一会儿就把火风怪冻晕了。

"校长，是您！"小刚大喊。

原来是水滴学校的校长得知了孩子们今晚的行动，他不放心，带了全校师生共同参与抗击恶魔的行动。

看火风怪已经昏迷，小水滴们把它五花大绑，压在一个巨大的石头底下。

小刚他们开始寻找晶晶、乐乐的下落。小水滴分散在空气中，大声呼唤着失踪的小伙伴。

忽然，传来一阵微弱的回应："小刚，我在这里，好脏啊……我的裙子上都是泥巴，要窒息啦。"

接着,又传来一个顽皮的声音:"你就知道臭美。在泥巴里捉迷藏挺好玩儿的,就是有些闷。"

"啊!是晶晶和乐乐,你们在哪儿?"小刚奋力呼唤。

大家寻声而至,原来它们被火风怪埋在一个大土坑里,上面还用不透气的物质覆盖着,根本出不来。

小刚他们变成强大的水流,终于把覆盖物冲走,这才发现了小伙伴们。大家抱头痛哭,高喊着:"终于打败妖怪了。"

被火风怪夺走的水又回到了水库里,城市一切恢复正常。被火风怪夺走的水也回到了田间池塘,农民们一片欢呼。

跌水家族也回到了山上,他们赞美水滴学校的孩子们勇敢智慧。水滴学校的校长感谢跌水家族给了孩子们勇气。

此刻,小水滴们还没有意识到,远处山石滚动,伴着泥石流和滑坡。火风怪有可能从岩石下逃生,更大的灾难正等待着它们……

故事结尾——小水滴们唱着主题歌:

我们是快乐的小水滴,
我们生活得无忧无虑,
我们在蔚蓝的天空飘荡,
……

第二节 教与学的传承与发展

学生创新项目一 名胜古迹实时位置推荐古诗词手机 App 的研究

作者简介:缪岱辰,现就读于北大附中实验学校。2019 年代表北京市小学生参加了在澳门举办的全国青少年科技创新大赛,获得二等奖和专项奖。

> **解读分析：**
>
> 缪岱辰同学从小热爱中国传统文化，认识到名胜古迹和古诗词是传统文化的精华，如果能用大家熟悉、喜爱的方式加以传播，比如在游览名胜古迹的同时，手机软件能够推荐相关诗词，让大家身临其境地体会诗词里描写的景物和感情，就能吸引更多的人了解它们、关注它们。
>
> 为了实现这个创新想法，缪岱辰查阅文献、实地调研、考察访谈、问卷调查、设计软件原型等。在老师、专家们的指导下，他设计出一款可以通过手机定位识别景点、推荐与这个景点相关古诗词的手机软件，让人们在游玩时实地学习和欣赏相关诗词，不仅可以增加游玩的乐趣，还可以让游客在"行万里路"的同时，"读万卷书"，真正读懂古迹里蕴藏的传统文化。用习主席说的"让文字活起来，让古籍里的文字活起来"的方式来弘扬中华传统文化。
>
> 这个研究项目包括的创新思维方法有：组合法、迁移法、缺点列举法、发散与收敛法等；涉及学科有语文、地理、计算机等；体现了科技与民族文化相融合，提出了将手机 App 与中国优秀传统文化相结合的模式，扩大了古诗词的受众面。这款手机 App 的功能优于目前已有软件仅提供照片、肉眼识别和简单关联等功能。运用大数据技术中的特征标注技术，对名胜古迹、古诗词进行基于特征的标注，初步解决了景点与古诗词的关联问题。该项目在科技创新中满载人文情怀，利于激发青少年爱科学、爱祖国的人文情怀和民族自信！

一、研究背景

我在黄鹤楼旅游的时候，发现有整整一层楼的展厅都在介绍历代诗人关于黄鹤楼的古诗词，听了导游介绍，觉得很有意思。但可惜的是，并不是所有的景区都有这样的介绍。比如颐和园，尽管以前我去过很多次，直到在语文课上学了一句楹联，才发现里面有很多有趣的楹联。我觉得，这是因为它们被挂在各个门柱上，没有放在一起介绍，所以容易被忽略。本来在游览名胜古迹的时候，读读历代诗人在此写下的名词佳句、看看诗中描写的环境和景物、听听诗词背后的小故事，是一件非常有趣的事，也是学习古诗词的绝好机会。但现在很多景点和导游都不怎么介绍相关的古诗词，我觉得很遗憾。因此，我想设计一款根据景点推荐古诗词的手机软件，让大家在旅游的时候兴致勃勃地找出"藏"在名胜古迹里的古诗词，这样就可以吸引更多的人来了解它们、喜爱它们，在"行万里路"的同时，"读万卷书"。

二、研究目的

找到名胜古迹、古诗词和游客之间的联系，吸引更多的人在游玩的时候学习、欣赏名胜古迹里的历史和古诗词，按照习爷爷说的"让文字活起来，让古籍里的文字活起来"的方式，弘扬中华传统文化。方法是设计一个手机软件，根据实时的名胜古迹推荐相关古诗词。

三、研究方法及过程

（一）技术路线流程

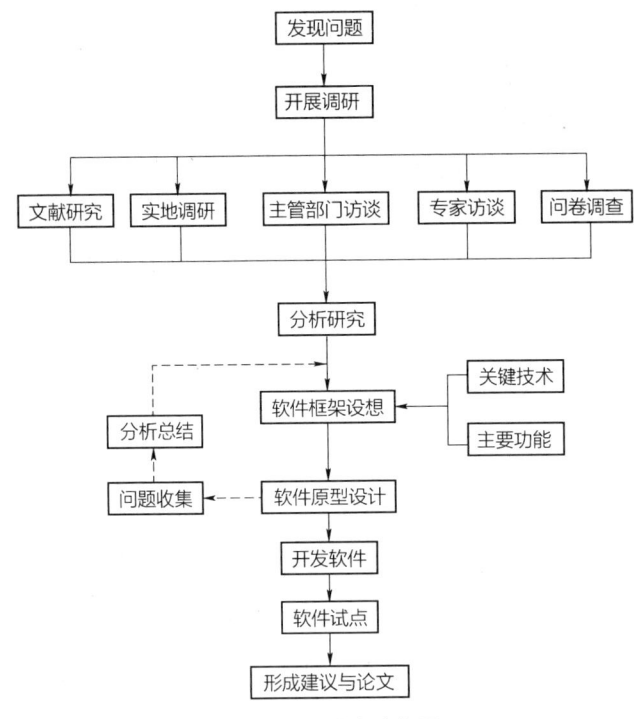

图 3-18 技术路线图

（二）文献研究

查找关于名胜古迹的旅游信息，查找学习古诗词的各种方式，上网收集相关数据，查看相关文献和研究成果，查阅手机软件的相关知识。

（三）半结构性访谈

访问文化主管部门相关负责人、互联网公司教育产品相关主管，学习怎么做一个文化产品。

（四）实地调研

到名胜古迹实地查找有关的古诗词，带着古诗词图书去景点游玩，在景点使用微信导游、携程、百度等手机软件。

（五）软件原型开发和试点

主要采用原型法进行设计。先设计用户界面，然后确定界面上的功能，访问相关专家，了解使用什么技术，然后开发软件，在月坛公园试点检验软件的开发效果。

四、结果与分析

（一）文献研究

为了将旅游和古诗词结合起来，我比较了几种常用的旅游和古诗词信息载体。

1. 查阅相关政策资料

近年来，我国非常重视中华优秀传统文化的传承和发展，高度强调文化与科技融合发展，提出要更广泛地借助和依靠科学技术，发展新型文化业态，推动文化产业大发展、大繁荣。可见，利用科技手段推广古诗词阅读，是一件很有意义的事。

2. 研究古诗词的传播形式

（1）图书。是接触古诗词最常见的方式，但携带起来比较重，而且普通诗集也不支持按照景点搜寻相应的诗词。

（2）互联网网站。诗词名句网、古诗文网等诗词网站主要注重诗词本身的词句和注释，让我觉得看起来比较枯燥。在百度直接搜索"植物园诗词"，能够获得一些结果，但是无关信息很多，需要一条一条点开阅读具体的内容，不适合在旅游时阅读。

图 3-19　百度搜索排名靠前的诗词网站首页及百度搜索结果截图

（3）选择了三组手机软件。

（a）诗词类："西窗烛""古诗词典"和"诗词之美"，这三款软件能按不同的分类去阅读或者搜索古诗词，还有诗词赏析、朗读和交流等功能，对于小学生来说，内容有些枯燥，不太吸引人。

（b）旅游类："马蜂窝""艺龙"和"携程"，内有景点介绍和电子导游，我觉得这个还比较有意思，在实地调研环节使用了这些软件。

（c）结合类："诗天下"虽然将城市、景点与古诗词做了关联，但更像一本拿地点当目录的电子书，并没有真正实现景点相关古诗词的实时推荐，景点关联的古诗词也不多，方式很单一，以故宫为例，只有一首古诗词。

（二）实地调研

对有详细讲解和没有详细讲解的景点进行比较，手动搜索景点相关古诗词，体会作者感受，实地调研情况如下：

1. 北京颐和园

电子导游的讲解中很少涉及古诗词和对联，部分人工导游会介绍一些著名的楹联。有些游客会认真研读悬挂的楹联，还有些游客，包括我，读了一半发现自己不认识某个繁体字，只好遗憾地放弃。很多桥和楼的名字，都是从名诗名句里来的，比如豳风桥，源于《诗经》中的"豳风"（如图 3-20 所示）。

试用了三款手机软件，在"携程"和"马蜂窝"都找到了关于"颐和园"的各种信息和"攻略"，但是相关古诗词介绍很少。"诗天下"里有一些直接描写

第三章 多维大脑——科技创新思维课程实践应用成果

图 3-20 颐和园，游客在阅读对联时认不全上面的繁体字

颐和园的古诗，但都不是很有名，没有《豳风》这种与景点文化背景有关的诗。三个软件的界面如图 3-21 所示。

图 3-21 "马蜂窝""携程"和"诗天下"关于"颐和园"的界面

2. 北京植物园

北京植物园有曹雪芹故居，旁边摆放了一些刻着《红楼梦》诗词的石牌。

141

在牡丹园、海棠园等景点,也摆放着一些刻着描写牡丹、海棠等古诗的石牌。植物园里没有讲解服务,但有一些游客会在这些刻着诗词的石头前驻足阅读。

图3-22 在植物园内搜寻诗词对联

图3-23 游客在谈论石上的诗句

3. 武汉黄鹤楼

黄鹤楼二至五层的展厅里有不同主题的展览,其中三楼展览的是历代诗人吟咏黄鹤楼的古诗词,很多游客在这里认真阅读古诗词,尤其是带着孩子的父母,会很认真地给孩子念诗。导游也会仔细讲解其中部分名句和相关典故。

图3-24 黄鹤楼三层诗词展厅

实地调研总结:

旅游软件和大部分景点的扫二维码听介绍,都能为游客提供详细的讲解服务,其中也有一些涉及古诗词的内容,但总体不多,也不会进行深入讲解。

第三章 多维大脑——科技创新思维课程实践应用成果

图3-25 研究黄鹤楼的简介牌

我发现，游客对景点相关古诗词感兴趣的程度，与景点提供相关介绍的详细程度有很大关系。景点提供的古诗词介绍越详细、越集中，游客越关注，阅读学习古诗词的效果也越好。

（三）问卷调查

为了进一步验证我的结论，我还进行了问卷调查。通过问卷星在网上发放调查问卷，收回363份，其中少年儿童29份、青年人194份、中老年人140份（见表3-2）。调查统计结果及分析如下：

表3-2 调查问卷结果汇总表

	经常（%）	不经常（%）	有（%）
您经常去景点游玩吗？	50.41	18.46	31.13
在景区，您是否喜欢阅读景点介绍？	是	否	有时
	70.25	4.13	25.62
旅游时您对与景点有关的古诗词和楹联感兴趣吗？	感兴趣	没兴趣	有时
	60.61	6.89	32.50
您认为现在景点里关于相关古诗词的介绍够详细吗？	够	不够	不知道
	14.6	75.48	9.92

续表

您希望在参观景点的同时阅读欣赏关于这个景点的古诗词吗?	希望	不希望	无所谓
	81.82	2.48	15.7
当您出门游玩时,最离不开什么?	手机	钱	食物
	74.38	19.83	5.79
您平时阅读更倾向于电子书还是纸质书?	电子书	纸质书	看情况
	30.03	39.39	30.58

这证实了我之前的想法：把古诗词和游览结合起来，可以吸引更多的人关注古诗词。有74.38%的人在游玩时离不开手机，因此，把手机软件作为推广平台比较方便，看来开发名胜古迹相关古诗词推荐软件是可行的。

（四）半结构性访谈

1. 主管单位访谈

我访谈了北京市西城区委宣传部专家，她建议：

（1）从政策层面，国家大力弘扬传统文化，提倡文化自信，在景点学习传统文化的思路是值得鼓励的。

（2）从更好地推广传统文化的角度，如果仅将景点与描写该景点的古诗词进行对应，范围有点窄。可考虑拓展关联范围，如在颐和园，可推荐楹联，也可在长廊附近推荐与古代绘画有关的诗词。

（3）从方便使用者的角度，在建立手机App后，还可将相关内容以景区二维码的方式向游客推荐，扩大使用范围。

2. 专家访谈

腾讯公司负责语言教育产品开发的专家告诉我：

（1）手机软件的开发不一定要特别全面，可以做好一项功能，作为插件整合进现在流行的软件里，如微信等。

（2）现在基于位置服务的手机软件开发难度不高，但是需要相关技术。

（3）通过目前的大数据技术可以实现景点与古诗词的匹配，但是需要设计好匹配模型，才能实现搜索的准确性。

五、软件原型设计开发与试点

（一）技术手段

1. 设计思想

首先实现 App 核心的名胜古迹辨识和与古诗词的关联功能设计，再逐步实现其他功能。

2. 工程方法

主要采用原型法进行设计，从用户界面入手，确定功能，再选择相应的技术。在原型初步形成后，选一个景点，先录入一部分古诗词，进行功能测试，测试通过后再逐步完善功能和充实内容。

（二）手机软件原型的设计与关键技术的解决

1. 设计预期

软件需满足以下功能需求：

（1）定位功能：根据用户手机所在地点快速定位，同时显示周边景点。

（2）自动关联功能：系统确定某一景点后，能够快速查看与景点相关的古诗词及其他信息。

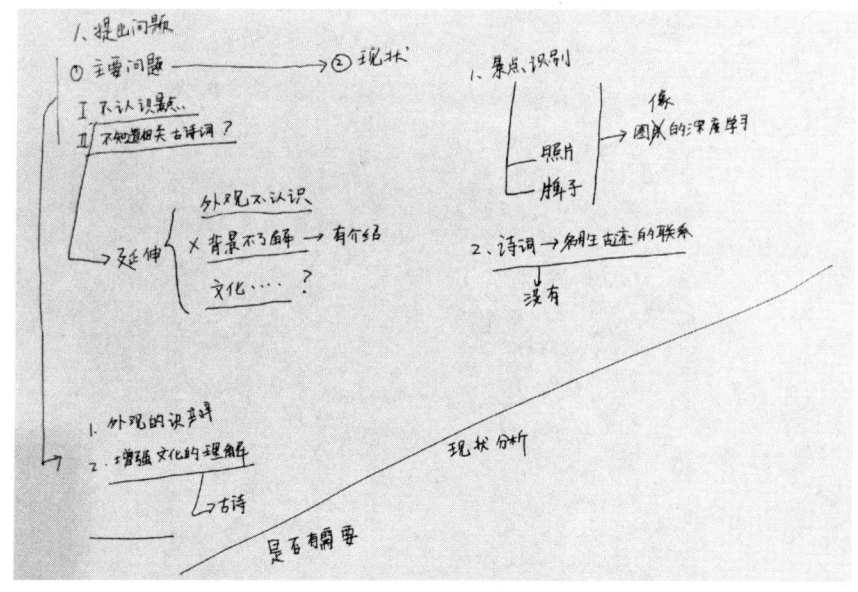

图3-26　主要问题分析

（3）古诗词标注功能：使用过程中，可根据自己的知识，扩充与当前景点相关的诗词，扩充标签库。

2. 原型设计

我给这个手机软件取了一个名字，叫"诗行万里"。

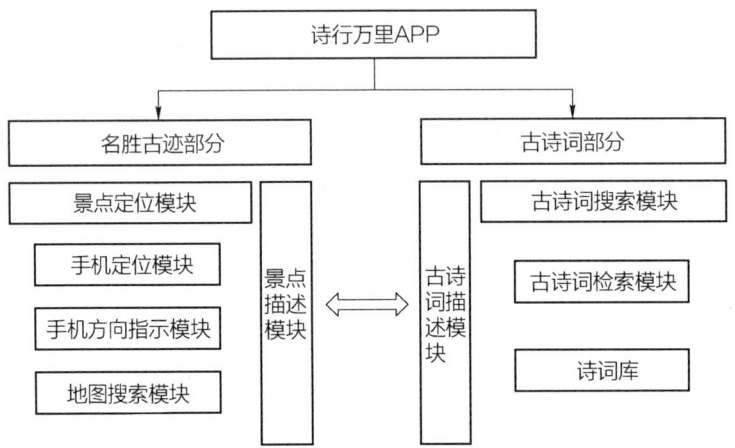

图 3-27　软件构想的功能架构

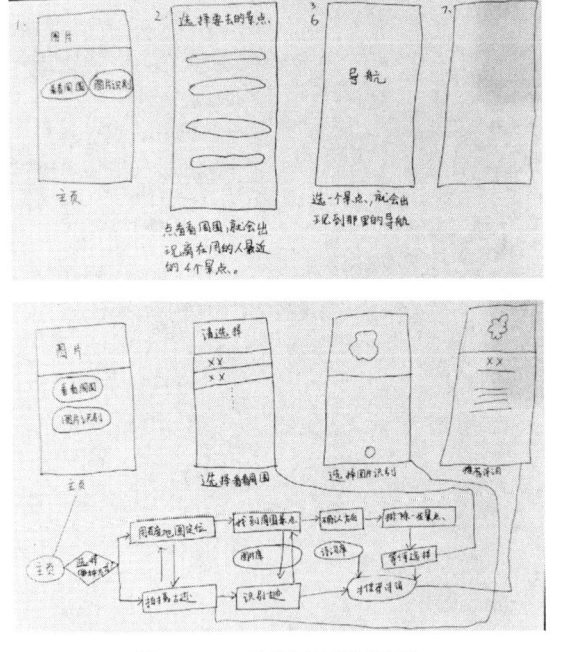

图 3-28　软件界面设计手稿

3. 关键技术一：基于实时位置和面对的方向识别相关景点

将当前位置的名胜古迹辨识出来，再推荐给用户进行选择。

用手机中的 GPS 定位和方向指示功能，自动推荐用户正前方 60 度角幅度、1500 米以内的景点（肉眼可见范围，如图 3-29 所示）。

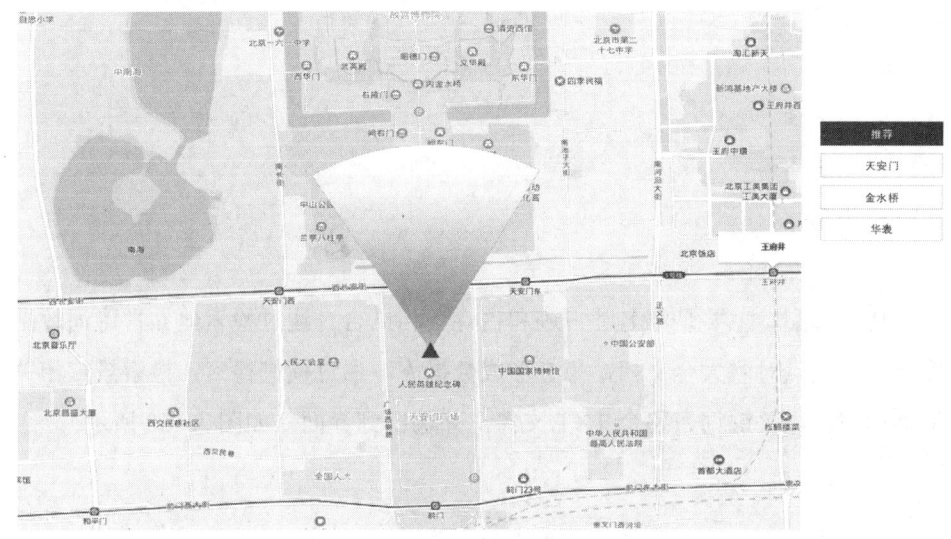

图 3-29　基于位置和方向服务的名胜古迹推荐示意图

4. 关键技术二：景点相关古诗词、对联推荐

把景点和相关诗词进行关联。

（1）景点特征标注

使用特征标注技术，对景点的特征进行标注。景点主要特征包括：

- 名称
- 特点
- 地点
- 建筑时间
- 历史事件

（2）古诗词的特征标注

古诗词特征的标注分为两步：

第一步，建立古诗词库。通过搜索，找到开源的古代诗词库，解决诗词来源问题。

第二步,同样使用特征标注技术,对古诗词的特征进行标注。古诗词标注的主要特征有:

- 诗词文字
- 作者
- 人物
- 环境
- 历史事件
- 类型

(3) 特征匹配

特征匹配,主要是将名胜古迹和古诗词相结合。通过检索建立古诗词数据库及名胜景点对联大全文档,集合形成数据库。通过模糊检索,检索景点相关描述标识符、关键词、整个 TXT 文件,并输出到界面(如图 3-30 所示)。

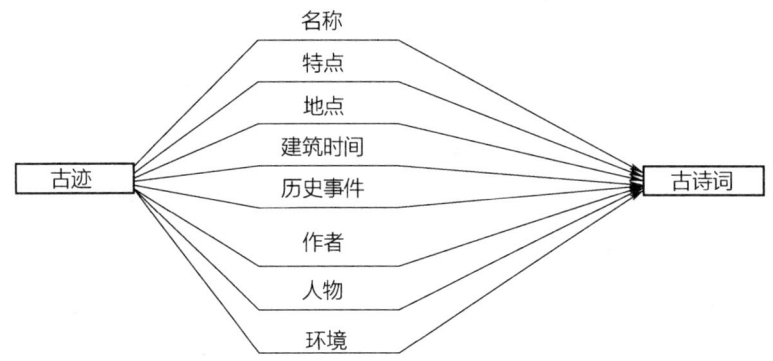

图 3-30 景点相关古诗词、对联推荐关系设计图(初稿)

(三)软件开发与试点

1. 技术实现

我自己完成了软件的设计,然后请家长帮助我开发软件。使用百度地图的底图和景点图层,实现景点的空间搜索,然后找到相应的古诗词,打上标签,进行景点与古诗词关联搜索的技术验证。

按照我设计的软件原型,点开便可以看见自己所在的位置和方向,然后标示出前方 60°、1500 米范围内的三个景点。选出一个景点，就会自动出来跟它有关的古诗词，点进去可以看见古诗词的详情（如图 3–31 所示）。

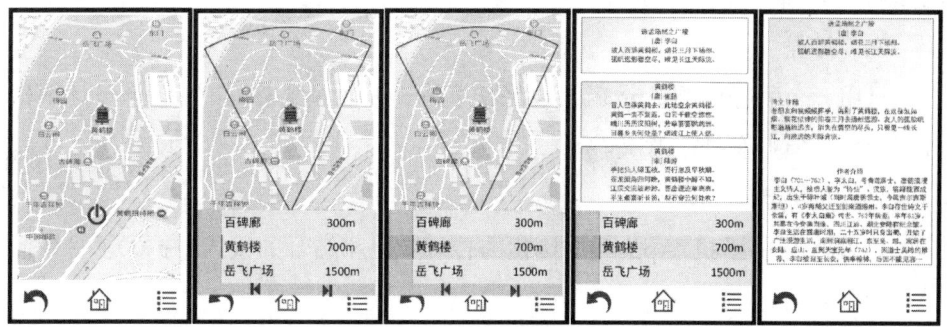

图 3–31 "诗行万里" App 使用过程页面

2. 试点及实现效果

我在月坛公园进行试点。试点时，"诗行万里"手机 App 可以快速识别出景点，并推荐与景点相关的古诗词。月坛公园管理人员表示，开发完成以后，欢迎在景区摆放这款软件的介绍和二维码。

图 3–32 在月坛公园试用

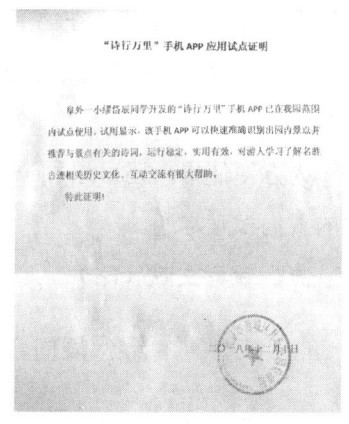

图 3–33 在月坛公园开展试点的证明

（四）可行性与推广价值

智能手机具备的定位和方向指示功能，为景点的辨析提供了硬件基础，相关技术也比较成熟，景点标注与古诗词标注的准确性和丰富程度会随着使用人数的增加而提高。可以在景区和学校广泛使用，还可与厂商合作，推广这款手机App。同时，新开发的手机软件也可以将此作为功能模块插入现有的软件，例如插入微信、"携程"或者"马蜂窝"中。

六、结论

只用一个手机诗词App就可以轻松读诗，进行深度游玩，尽管该设计架构较为简单，但很有推广意义。

七、创新点

1. 提出了将手机App与中国优秀传统文化相结合的模式，扩大了古诗词受众的覆盖面。

2. 初步实现了景点识别功能，优于目前软件仅提供照片、简单关联的功能。

3. 运用大数据中的特征标注技术，对名胜古迹的特征、古诗词的含义进行了基本标注，初步解决了景点与古诗词的关联问题。

八、展望

因为古汉语的表达跟现代汉语有很大不同，影响了诗词匹配的数量和精确程度，如"北京"，在古代叫"幽州""蓟门""燕京"等，所以，计划建立古诗词库的译文库，通过搜索译文库，提高古诗词的匹配数量和精确程度。

为方便使用，还可增加语音读诗功能，弘扬中国传统文化，便于爱好古诗词的人们相互沟通。

九、参考文献（略）

缪岱辰同学创新项目研究的收获和体会

通过研发这个课题，我第一次接触到科学研究活动的全过程。

我对平时常去的地方进行了实地调查，一旦有了具体的调研目标，就会有全新的体验。在颐和园，我发现很多对联里都有不认识的繁体字，就想到可以加入语音功能。这是坐在家里想，或者光去玩不专门调研，发现不了的事。

我学会了做问卷调查。原本我仅在身边发放问卷，但样本数太少，也比较单一。老师指导我在"问卷星"网站上发布了问卷，样本数量从几十增加到了几百，得出的结论有了说服力。我知道了专家访谈很重要。访谈主管部门的专家，他们告诉我国家相关政策，鼓励我弘扬传统文化，让我明白了项目的意义；访谈技术专家，我明白了自己的软件需要从哪儿开始、怎么做。我还学会了搜集、比较各种材料。开始我只试用了一些手机 App，但老师告诉我，要想证明研究的必要性，还要跟景区导览、图书、直接上网搜索等方式进行比较，有什么优势。这使我知道了，论证的过程必须很严谨。

我还遇到了一些挫折。最初，我想通过手机拍照加定位的方式来识别景点，做起来才发现，同一个建筑从不同角度看起来是不一样的，靠图片识别需要建立庞大的图片库。后来经过专家的讲解，改成依靠定位加方向的方式来识别景点。这使我知道了，理论上可以做的跟真正能做到的是两回事。

科学研究的整个过程虽然辛苦，但也很有意思。我非常感谢毕欣老师，是她为我打开了科学研究的大门。希望在下次科学研究中，还能继续得到老师的指导，还能学到更多新鲜的东西。在此也感谢寒梅老师和肖堃老师。在完成课题的过程中，我学到了科学研究的方法，了解到研究过程的曲折和多变，体会到科学研究需要严谨，需要耐心，需要持之以恒、不断探索，才能取得成功。

学习之余，我喜欢户外运动和旅游，一边观察身边的动植物和岩石，一边了解当地的历史地理文化，这些经历会对今后的学习有帮助。我想成为一名真正的科学家，为国家科技现代化贡献自己的力量。

学生创新项目二　基于物联网+的邮筒信件高效收取系统研究

作者简介：沈子冀，毕业于北京市西城区复兴门外第一小学，现就读于北京市铁路第二中学。学习认真刻苦，各科成绩优秀，曾是学校"最美少年""科技小明星"。他自主开展的研究课题"基于物联网+的邮筒信件高效收取系统研究"，获得中国少年科学院"小院士"科技比赛全国一等奖、北京市科技创新大赛一等奖。

> **解读分析：**
>
> 关注生活的每一个角落，总会有新的发现和新的创意。邮筒题材在历年的作品中较为少见，因为人们已很少用到它，所以就很少关注它的存在了。沈子禀同学用自己独特的视角，让久违的邮筒又回到人们的视线里，既为大家普及了邮筒的知识，提出了全新的解决方法，还制作了装置，期待得到推广。
>
> 信息时代，人们的联络方式从寄信向微信、电子邮件等方式转变，写信的人越来越少，邮筒的空筒率高达50%—85%。这个问题引起了沈子禀同学的思考：邮筒是国家法定的邮政普遍服务的基础设施，用于收寄信件。信息时代导致邮筒的空筒率高，然而不论邮筒中是否有信，邮递员仍需要按规定频次逐一开筒取信，浪费了大量的人力物力。怎么解决呢？
>
> 发现问题后，沈子禀同学及时与老师沟通，向老师请教，确定选题研究方向。通过查阅资料、实地考察、开展问卷调查等方式对邮筒使用现状进行了调研，对经济效益进行了分析，听取了老师和专家的意见，提出了在邮筒上安装信件感应器，依托NB-IoT网络将邮筒收信信息上传到手机App，通过手机App为邮递员智能设计开筒取信路线，以达到提高工作效率、降低生产成本和工作强度的目的。论文详细讲解了调查研究过程、邮筒信件高效收取App的设计思路和功能，为手机App和邮政信件业务的有机结合做出了有益探索。
>
> 通过系列科技创新课程，多维大脑点燃创新思维，老师教方法、给空间，学生学思维、勇探索，最终会给老师更多的惊喜。我们坚信：每个孩子都是天生的发明家和创造者！

一、研究背景

邮筒是国家法定的邮政普遍服务基础设施，用于收寄信件。随着信息时代的到来，人们的联络方式从寄信向微信、电子邮件等方式转变，写信的人越来越少，邮筒的空筒率越来越高。然而，不论邮筒中是否有信，邮递员仍需按规定频次逐一开筒取信，浪费了大量的人力物力。

当今信息时代物联网技术高速发展，我想到，能否开展一项研究，探测邮筒里信件收取的情况，通过物联网技术，把邮筒里是否有信的情况发送到邮递员的手机上，通过手机 App 设计快速开筒取信路线，方便邮递员开筒取信，从而实现提高工作效率、降低工作成本的目的呢？为此，我开始了研究。

二、问题的提出

根据前期我了解到的情况，结合物联网高速发展，我想通过研究解决以下三个问题。

1. 随着信息技术的发展，传统信件变少，邮筒使用率越来越低，空筒率是多少？

2. 邮筒使用率的降低，对邮递员开筒取信带来了什么影响？

3. 是否可以结合物联网技术，开展邮筒信件高效收取系统研究，达到节省人力物力、提高工作效率的目的？

三、研究方法及技术路线

（一）研究方法

此次研究运用问卷调查、实地调研、文献查阅、走访专家等方法，合理统计北京市邮筒空筒率，了解邮筒利用率降低对邮递员工作的影响，针对取信效率不高的问题提出整体解决方案，并完成信件感应器和手机 App 程序设计。

（二）技术路线

为此，我设计了研究技术路线图。

四、研究过程和结果

（一）问卷调查

为了解信件在人们日常生活中的使用情况，我通过问卷网制作、发放了调查问卷。最终收回 420 份调查问卷，统计情况如下。

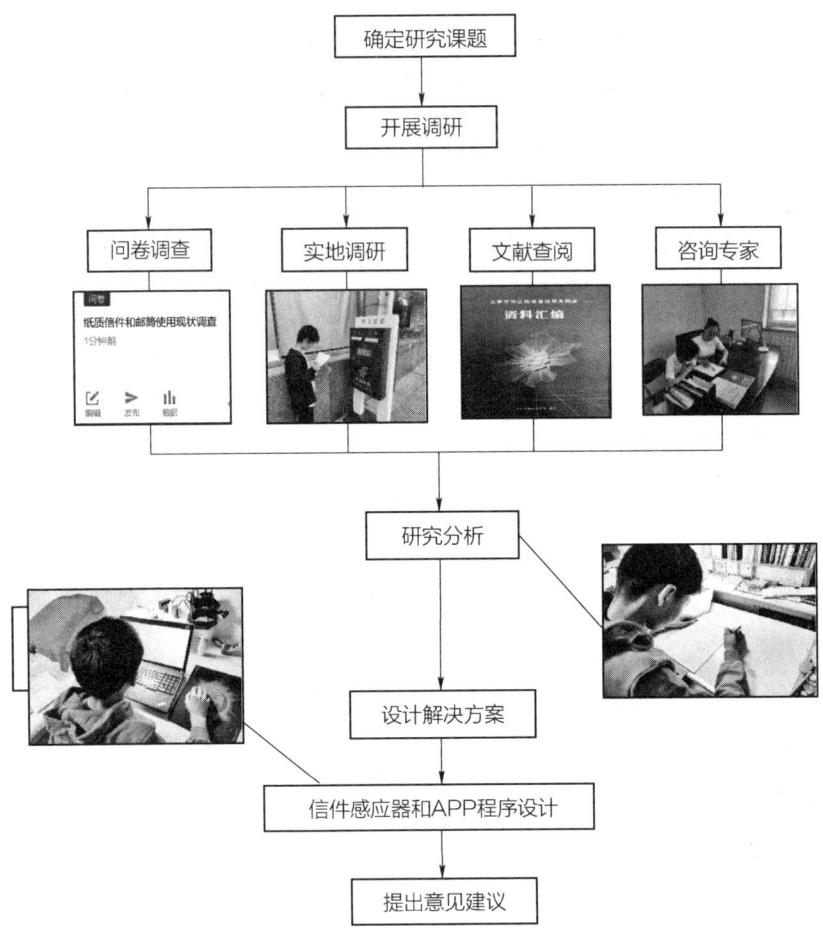

图 3-34 技术路线图

表 3-3 调查问卷情况统计表

问题	选项统计			备注
您从事什么职业？	学生	在职人员	退休人员	
	7%	90%	3%	
您会寄信吗？	会	不会	不清楚会不会	
	56%	41%	3%	
近一年来，您寄出或收到过纸质信件吗？	收到过或寄出过	没收到过，也没寄出过		
	42%	58%		

续表

问题	选项统计				备注
您希望收到朋友寄来的纸质信件吗？	非常期待	不感兴趣	不希望		
	59%	33%	8%		
您认为纸质信件与自己及周围的人有什么关系？	不可缺少	可有可无	完全没有用处		
	25%	62%	13%		
以一个自然年度为期限，您认为您会寄出多少信件？	1封也不会寄	5封以下	6—10封	10封以上	
	51%	39%	7%	3%	
如果您有寄信的需求，您会选择哪种方式？	投到路边的邮筒里	直接送到邮局柜台	都可以		
	36%	24%	40%		
您认为路边的邮筒还有存在的必要吗？	有	没有	都可以		
	50%	33%	17%		
您觉得现存的邮筒还可以增加哪些功能？	增加收寄包裹、快递等功能	增加信件被收寄后短信、微信等提醒功能	其他		
	41%	56%	3%		
您认为您或身边的人，选择不使用纸质信件的主要原因是什么？	不知道收信人住址	寄信不方便	担心信件丢失		多选题，数字为实际选择人数。
	59	136	89		
	收信太慢	有手机、E-mail等方式，不需要寄信	其他		
	173	350	12		

从问卷调查的结果来看，有42%的受访者一年内寄信或收信数量在1封以下，58%的受访者一年内没有寄出或收到过信件，可见信件的使用率确实不高。

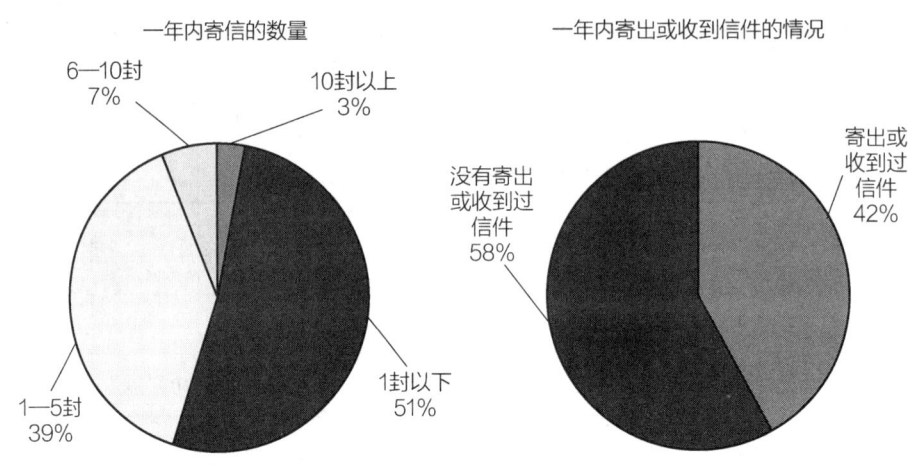

图3-35 一年内寄信或收信情况

受访者不使用纸质信件的原因排前三位的分别是手机和 E-mail 等方式更方便、收信太慢以及寄信烦琐复杂。可见信息的发展带来了更快捷、方便、安全的沟通方式，目前信件寄递的方式已无法满足人们的需要。

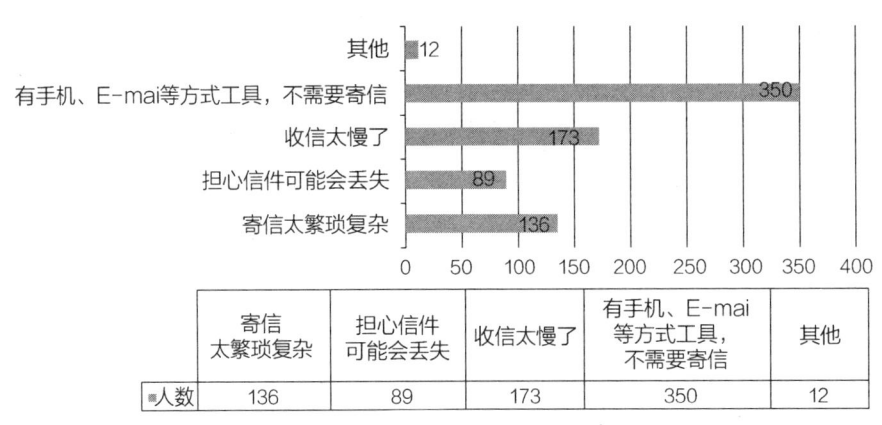

图3-36 人们不使用纸质信件的原因

从对邮筒新增功能建议的统计来看，235 位受访者认为可以增加信件被收寄后短信、微信的提醒功能，171 位受访者认为可以增加收寄包裹、快递等功能。可见应当对邮筒进行升级改造，使其适应信息时代的要求。

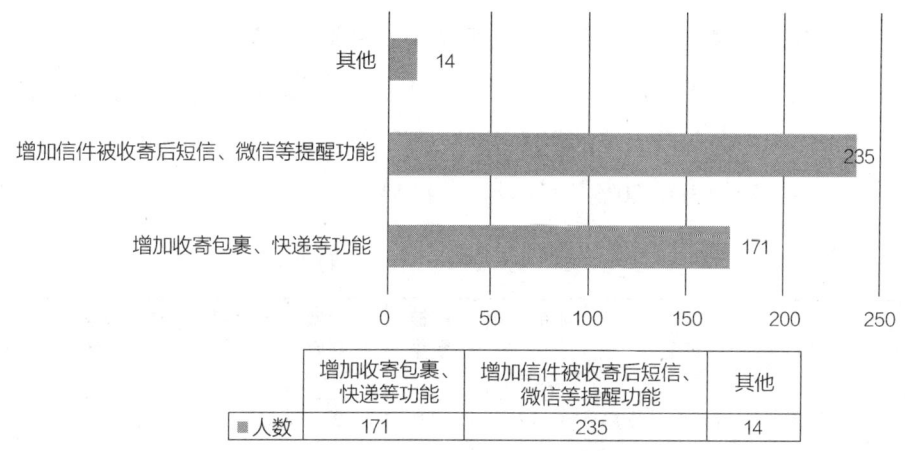

图 3-37 邮筒可以增加新功能

通过对调查问卷进行整体分析，得出结论：信件在人们的日常生活中仍然能够发挥作用，但是使用率越来越低，人们普遍会选择手机、E-mail 等更有效率、更加便捷的方式进行联络和沟通。但是信件传递情感的作用仍然存在，人们非常期待收到亲朋好友的来信。邮筒仍然是必须的城市基础设施，但是应对其进行升级改造，增加新的功能，使其更加适应信息时代的新形势，从而发挥更大的作用。

（二）实地调研

1. 邮政支局实地考察情况

我分别到海淀区万寿路邮政支局、昌平区小汤山邮政支局进行实地调研，对邮递员进行了访谈。

图 3-38 调研万寿路邮政支局

图 3-39 调研小汤山邮政支局

为了获取更多的数据,我还电话采访了 5 家邮政支局,了解他们辖区管理的邮筒数量以及每天取信的情况。我把这 7 家邮政支局的情况汇总以后发现,北京市市区和郊区邮政支局的服务范围、邮筒数量等均有差别,但是空筒率都非常高。市区空筒率在 50%左右,郊区为 85%左右。

表3-4 邮政支局邮筒信件收取情况统计表

序号	区域	名称	服务面积（平方公里）	邮筒数量（个）	单次取信耗时（小时）	单次取信数量（件）	单次取信空邮筒数量（个）	空筒率（约）
1	海淀区	万寿路邮政支局	12	23	2	30—40	12—13	54%
2	东城区	东花市邮政支局	5	10	1	50—60	4—5	45%
3	东城区	光明楼邮政支局	5	18	1.5	60—80	8—9	47%
4	昌平区	小汤山邮政支局	96	37	3.5	10—15	30—31	82%
5	昌平区	政府街邮政支局	415	120	2.5—3	20—30	90—110	83%
6	昌平区	南口邮政支局	470	77	4—4.5	10—15	65—72	88%
7	昌平区	兴寿邮政支局	137	42	3—3.5	10—15	35—40	89%

2. 实证研究情况

结合实地调研情况,为了测算如果不去空邮筒取信能够节省的路程和时间,我以小汤山邮政支局一条取信路线的 12 个邮筒为样本,进行了实证研究(见表3-5)。测算结果是,如果只去开有信的邮筒,可以有效减少邮递员取信所走的路程和花费的时间,提高了工作效率。

表3-5 邮筒开筒里程和时间表

起点	终点	里程（公里）	开车时间（分钟）	骑车时间（分钟）
小汤山邮政局	东营邮筒	12.6	22	60
东营邮筒	后牛坊邮筒	11.9	19	53
后牛坊邮筒	香屯邮筒	3.8	10	20
香屯邮筒	西营邮筒	4.6	10	24
西营邮筒	麦庄邮筒	1.7	3	9
麦庄邮筒	东官庄邮筒	2.2	5	12
东官庄邮筒	西官庄邮筒	1.5	4	8

续表

起点	终点	里程（公里）	开车时间（分钟）	骑车时间（分钟）
西官庄邮筒	赖马庄邮筒	2.6	6	13
赖马庄邮筒	南官庄邮筒	1.7	6	9
南官庄邮筒	大东流邮筒	1.4	6	8
大东流邮筒	小东流邮筒	1.3	4	7
小东流邮筒	酸枣岭邮筒	3.2	6	17
酸枣岭邮筒	小汤山邮政局	10.5	20	55
合计		59	121	295

（三）文献查阅

为使研究有依据，我查阅了邮政行业有关规定、国家邮政局相关文件、NB–IoT网络发展等方面的文献资料。《邮政普遍服务标准》（YZ/T 0129–2016）《信筒标准》（YZ/T 0067–2002）规定，邮政企业要按照规定的使用范围设置邮筒，一般按照每天不少于一次的频率开筒取信。2019年全国邮政普遍服务监督管理工作会议上提出，"普遍服务的供给方式更需要提升科技含量。……如果邮筒有提示功能，邮递员知道什么时候什么地方的邮筒投入了信件，……这就能大大提升效率"。可见加强普遍服务管理，通过物联网＋技术提高纸质信件的收寄效率，符合政府的工作导向。

NB–IoT（Narrow Band Internet of Things，窄带物联网）作为一项新兴技术，具有广覆盖、大连接、低功耗、低成本的特点，它的网络信号更好，连接数量更多，更加省电，芯片价格更低。

（四）专家意见

我请教了北京市邮政管理局的专家。专家表示，该研究能够提高邮筒信件的收寄效率，降低生产成本，产生一定的经济效益，具有一定的必要性和可行性。

（五）研究结果

经过前期研究，可以得出以下结论：当前邮筒空筒率很高，城区达到50%，农村地区达到85%。不论邮筒里是否有信，邮递员都要按规定时间开筒取信，这浪费了大量的人力物力。如果邮筒有提示功能，邮递员能够知道什么时候、什么地方的邮筒投入了信件，就能大大提高取信效率。

五、邮筒信件高效收取系统设计

（一）设计方案

为此，我研究提出了以下方案：在全市邮筒内加装信件感应器，利用 NB-IoT 网络即时上传收信数据到邮政机房，经邮政云平台发送到邮递员手机 App，App 根据邮筒收信情况为邮递员避开无信邮筒，合理安排取信路线，以达到提高工作效率、降低生产成本和工作强度的目的。

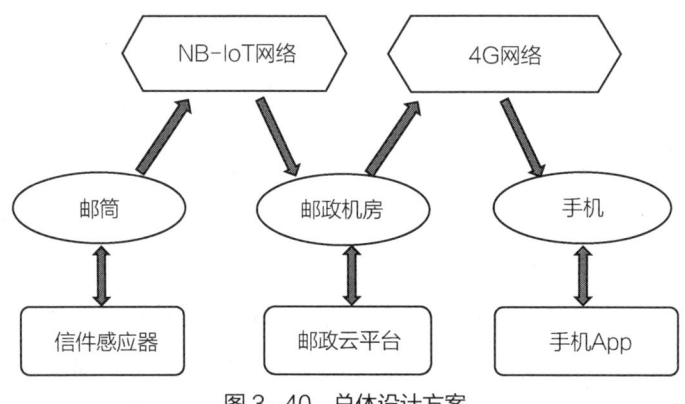

图 3-40　总体设计方案

（二）信件感应器设计

信件感应器是安装在邮筒底部，由压力感应设备、NB-IoT 网络设备以及电池三部分组成，利用压力敏感元件完成从压力变化到电信号的转换，通过 NB-IoT 模块将信息上传到邮政云平台。

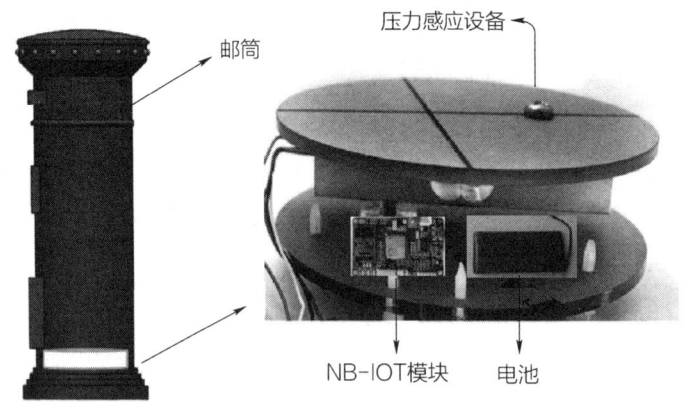

图 3-41　信件感应器设计图

（三）邮政云平台设计

邮政云平台部署在邮政公司的电脑服务器里，提供在线存储，实现邮筒信息管理、邮递员管理、邮筒开箱记录、邮递员考勤管理等功能。

（四）"邮筒通"手机 App 设计

我研究开发了一个"邮筒通"App，主要功能是在地图上显示邮递员所管理的所有道段邮筒的数量和位置，随时提醒邮递员哪个邮筒有信件投入，并且根据有信件邮筒的位置，为邮递员设计路线最短、最省时的开筒取信路线。

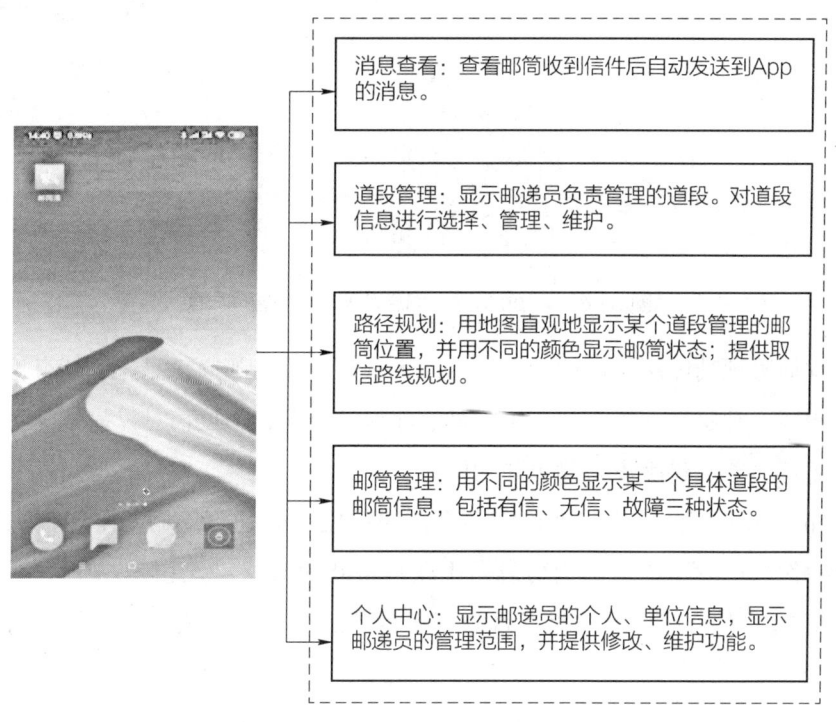

图 3-42 "邮筒通"App 的主要功能

App 主要有消息查看、道段管理、路径规划、邮筒管理、个人中心五个功能。其中消息查看功能用于查看邮筒收到信件后自动发送到 App 的消息。道段管理功能用于显示邮递员负责管理的道段，对道段信息进行选择、管理和维护。

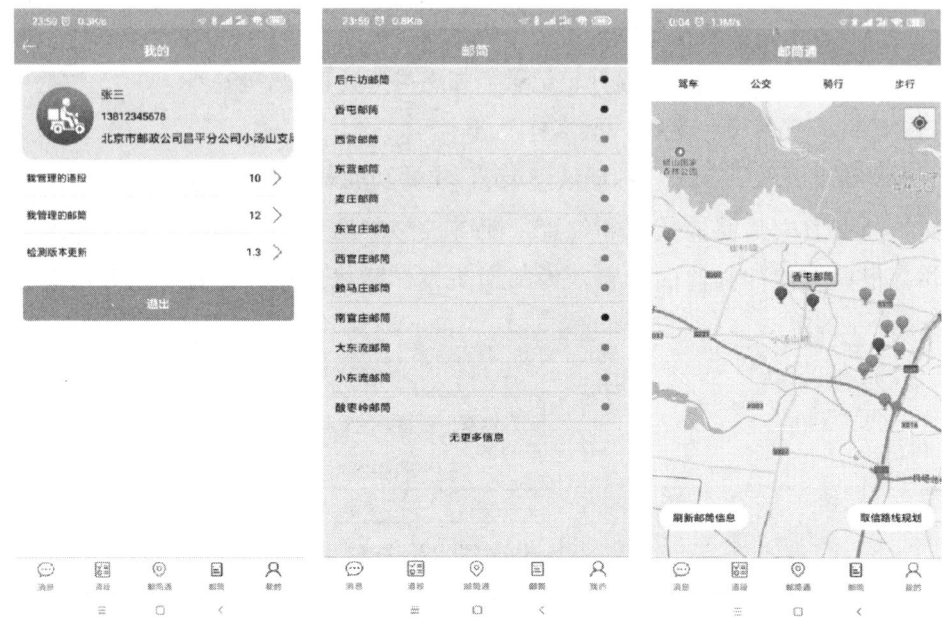

图 3-43　App 登录、消息管理、道段管理界面

邮筒管理功能用不同的颜色显示某个具体道段的邮筒信息，包括有信、无信、故障三种状态。个人中心用于显示邮递员个人、单位信息，显示邮递员的管理范围，并提供版本检测更新功能。

路径规划界面是主界面，有两个常用按钮，分别是"刷新邮筒信息"和"取信路线规划"。刷新邮筒信息用于取得最新的数据，确定哪些邮筒有信件、哪些邮筒没有信件。取信路线规划用于为邮递员设计最快捷、最省时的取信路线。

六、结论

1. 当前北京邮筒空筒率很高，城市邮筒空筒率为 50%、农村空筒率为 85%。

2. 高空筒率导致邮递员耗时耗力、工作效率不高。

3. 研究设计物联网＋邮筒信件高效收取系统，推广使用"邮筒通"App，能够大大提高工作效率，节约人力物力。

图 3-44　App 个人中心、邮筒管理、路径规划界面

七、创新点

经过教育部科技查新工作站查新，未发现国内有与本研究内容相同或类似的报道。本研究的创新点有：

1. 设计出易安装、成本低、易维护的信件感应器。

2. NB-IoT 网络与 4G 网络配合传递邮筒收信信息。

3. 开发面向邮递员使用的 App，实时为邮递员设计开筒路线，运用信息手段实现高效收取邮筒信件的目的。

八、前景展望

"邮筒通" App 目前解决的是邮递员高效收取信件、有效降低工作成本的问题，主要便于邮政公司员工使用，后续我将继续开展以下几方面的研究。

1. 结合 5G 网络的发展，加强邮筒收信信息的大数据分析，完善邮筒布局、邮递员工作任务分配等。

2 继续完善"邮筒通" App 功能，加强行业监管和服务社会公众的能力。

九、参考文献（略）

沈子羿同学创新项目研究的收获和体会

通过开展基于物联网＋的邮筒信件高效收取系统的研究，我收获很大。

首先，开展这项研究，让我接触到许多新知识、新理论，比如我了解了邮政业的悠久历史，学习了国家对邮政普遍服务、对邮筒制定的国家标准，明白了邮政基础设施的重要作用，感受到物联网技术的飞速发展，对互联网、物联网等有了直观认识。我还利用压力感应技术提出了信件感应器的设计方案，提高了动手能力。这些全新的知识让我耳目一新，极大地开阔了我的眼界。

其次，开展这项研究，锻炼了我进行科学研究的本领。在研究过程中，往往会遇到很多问题和困难，我使用了文献查找、实地调研、问卷调查等多种方法，通过理论研究和实证研究的方法来查询资料、调查研究并论证研究结果，经过不懈努力，解决了一个又一个问题，这对我提升发现问题、解决问题的能力帮助很大。

第三，开展这项研究，培养了我注意观察的习惯。邮筒是路边常见的设施，但是没有多少人留意它、了解它。我能够注意到被冷落的邮筒，向邮递员叔叔了解邮筒空筒率高的原因并思考解决方案，这和平时生活中注意观察、注重细节的习惯是分不开的。以后我将继续保持这样的习惯，仔细观察身边的事物，了解生活的方方面面。

最后，开展这项研究提升了我的社会责任感。作为青少年，目前我最主要的任务是学习，但这并不妨碍我为国家和社会做出贡献。开展这项研究，能够提出一种降低邮递员工作成本、提升工作效率的办法，也是我积极为国家、为社会贡献自己一份力量的体现。

学生创新项目三　关于在社区高效智能回收厨余油脂垃圾的研究

作者简介：郭盈希，北京四中学生。获得北京市青少年科技创新大赛一等奖、市金鹏科技论坛一等奖、中国少年科学院"小院士"科技比赛全国二等奖，被《中国中学生报》等宣传报道。

> **解读分析：**
>
> 我国目前正在逐步推行垃圾分类，垃圾分类成了当下大家关注的问题。郭盈希同学正是从这一社会热点、焦点问题入手，开始了新的思考和实践。北京市每年产生的餐饮废弃油脂总量达 9×10^4 吨，如果处理不当，必然会产生一系列问题。目前，国内外都已开始利用厨余垃圾油脂制造航空煤油和生物柴油，但北京市家庭中厨余油脂垃圾并未回收，还产生了一定的危害。
>
> 郭盈希同学通过查找收集文献、网络查询、社会调查、实地考察、专家咨询和设计制作回收装置等研究方法，找出厨余油脂回收所面临的问题和解决方案，研究在家就能够回收废弃油脂的便捷方法，并建议市政府在小区安置回收装置，让油脂垃圾能够回收再利用，为民众健康和幸福做出贡献。她提出的可行性方案、设计回收装置的样品和概念图纸，在附近小区进行试点宣传，发放油脂回收垃圾袋，设立回收箱，记录居民对厨余油脂回收的意见和建议，受到大家的好评，并产生了一定的影响力。
>
> 该项目从发现选题、确定方向、设计方案、制作完善、小区试点到成果应用推广，历时一年多。老师应持续关注学生探究的每个阶段，适时给予最有效的启发引导、策略指导和方向把握。辅导学生创新作品，对教师的综合知识能力要求很高，深入学习相关项目内涵和外延，在掌握传统知识技能的基础上，教师要有前瞻性。

一、研究背景

2019 年 6 月，习近平主席提出，垃圾分类关系广大人民群众生活环境，关系节约使用资源，也是社会文明水平的一个重要体现。

随着经济的发展和人民生活水平的提高，我国餐厨垃圾 2015 年已经达到 9500 万吨/年，这一数据在逐年快速递增。发改委"十三五"规划指出，2020 年厨余垃圾日处理量要达到 7.5 万吨/天。目前北京市大多数正规餐饮企业都按政府要求分类回收餐厨余油脂垃圾,但是在家庭和小区还没有细分到这种程度。

家里的下水道曾因厨余油脂倒进和管道内的残渣固化导致堵塞,这不仅会影响管道通畅,甚至会污染环境。

在我家居住的小区,已经放置了好多厨余垃圾桶,但目前还没有进行单独的油脂垃圾回收分类。因此,我想研究一个便捷易行的回收家庭废弃油脂的途径:通过互联网上传回收数据、对回收人实施奖励系统,提高大家参与的积极性,最终将回收的油脂交由工厂制备工业柴油,使其得到二次利用,防止废油造成环境污染。

二、研究目的

1. 了解目前国内外回收厨余垃圾的方法及问题。

2. 实地考察周边小区的垃圾回收情况。

3. 走访相关部门,了解目前厨余垃圾回收的状态及相关法规。

4. 提出可行性方案、设计回收装置的样品和概念图纸,并在附近小区进行试点宣传,发放油脂回收垃圾袋、设立回收箱,并记录居民对厨余油脂回收的意见和建议。

5. 呼吁政府对厨余油脂垃圾回收装置进行宣教和推广应用,提高参与者的积极性,将更多的油脂垃圾回收制成工业柴油。

三、研究方法与过程

查询资料、文献,对比国内外当前厨余油脂的回收现状,了解目前回收还存在的问题;走访专家、发放问卷调查、实地考察附近几处社区,了解目前餐厨垃圾的处理状况;提出可行性方案、设计回收工具,并在小区做试点推广;提出建议,呼吁政府能够全面使用和推广,有效回收厨余垃圾中的废弃油脂。

(一)研究流程

研究流程,如图3-45所示。

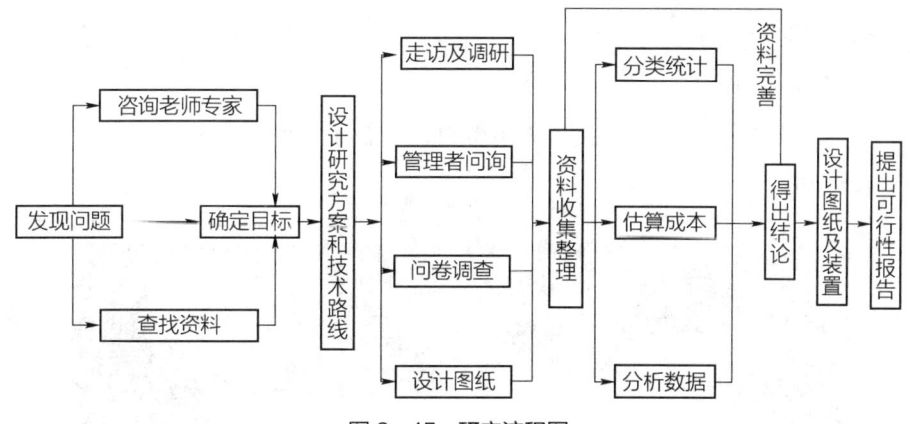

图 3-45 研究流程图

（二）研究计划

2018 年暑假后，我在老师的指导下确定了研究课题方向，制订了为期一年的研究计划表。

表 3-6 研究计划表

时间	项目	活动内容
2018.10—2019.3	查找资料	在科技新闻网站查找国内外关于厨余油脂回收再利用技术方面的资料。
2019.4—2019.7	走访咨询老师、专家	向辅导老师咨询研究方法，确定方向。走访城市管理委员会相关的专家，了解我国关于厨余垃圾分类的法规政策、方式。
2019.7	展开广泛的社会调查	制作问卷，在朋友圈发放问卷；在社区展开二维码问卷和纸质问卷调查。
2019.7	小区周边考察	了解附近小区垃圾分类回收状况及其去向。
2019.8	整理资料	将网上收集的资料分类、收集、整理，将数据列表统计、调查结果汇总。
2019.8	查找资料	在图书馆查找油脂的化学性质资料，以及国内外废油处置的书籍文献，进行厨余废油的合理化回收和利用的可行性、必要性论证。
2019.8	绘制回收流程图及设计回收装置草图	根据查到的资料绘制、设计出厨余废油的合理回收途径图表。
2019.9	资料分析及统计	汇总资料，进行分析整理，根据资料查询的数据来推算家庭厨余废油脂的回收利用效率。
2019.9	制作油脂回收装置	设计油脂回收装置样品及模型图纸。
2019.10	整合汇总材料	把最终的研究数据分析整理，完成研究报告。

(三)研究过程

1. 查阅资料

我先在图书馆、网上查找了大量资料，了解了目前国内外回收厨余垃圾油脂的技术和方法。

图3-46 在国家图书馆查阅资料

《餐厨垃圾废物资源综合利用》资料显示，北京和上海地区餐厨垃圾成分表中粗脂肪基本在20%—40%之间，说明厨余脂肪垃圾含量很高，有回收的价值。

那么，各国都是怎么处理厨余油脂的呢？

美国：化学制皂、转化为可再生能源；日本：制成生物柴油，供垃圾车使用；英国：在社区设置油脂回收器，转化为生物柴油；中国：加工成工业柴油作为燃料，供交通运输车使用。

2. 咨询老师和走访专家

在宣武青少年科学技术馆老师的耐心培训和指导下，我逐渐对课题研究有了浓厚兴趣。暑假，我走访了西城区城市管理委员会固体废弃物管理科李刚科长，向专家讲解了课题内容和进展，并进行相关问题的咨询，得到了专家的指导、支持和认可，专家还帮助安排了实地试点活动。

3. 实地考察

我考察的阜外北四巷小区和北营房西里小区的分类垃圾箱很混乱，没有配备垃圾分类指导员。环卫工人也将所有垃圾都混放在一个三轮垃圾车内运走。在解放军304医院的住院部,也是两个垃圾桶里装满了各种生活和餐后垃圾。在大观国际食堂,考察情况较好,有专人进行干湿垃圾分类,并交由专门的厨余垃圾车回收运走。

图3-47 在社区实地考察

我调查记录了一些地区的垃圾分类情况(见表3-7)。

表3-7 垃圾分类情况表

分类	地点	处理油脂垃圾的方式
小区	阜外北营房西里小区	没有单独回收油脂的垃圾桶
小区	展览路阜外北四巷小区	没有单独回收油脂的垃圾桶
医院	304医院	没有单独回收油脂的垃圾桶
食堂	大观国际办公区食堂	内部有单独回收油脂的垃圾桶

4. 制作调查问卷

我利用"问卷星"进行了广泛的社会调查,总共调查了335人。

调查问卷

（1）您家（单位）的厨余垃圾进行干湿分类投放了吗？（单选）

A. 将厨余垃圾干、湿分类投放　　　　B. 不分类，与其他生活垃圾一同丢弃

（2）您所在的社区（单位）是否已经设置了厨余垃圾回收箱？（单选）

A. 有厨余垃圾回收箱　　　　　　　　B. 无厨余垃圾回收箱

C. 不清楚

（3）您会如何处理烹饪后废弃的食用油？（单选）

A. 将食用油装进瓶中再次使用　　　　B. 将废弃食用油装瓶后丢进垃圾桶

C. 将废弃食用油直接倒进下水道冲走　D. 装瓶拿出去卖

（4）您知道厨余垃圾油脂能回收吗？有什么用途呢？（单选）

A. 可以回收制成食用油　　　　　　　B. 可制成生物柴油用于工业用途

C. 没有用

（5）您了解"地沟油"具体有哪些危害吗？（多选）

A. 酸价和过氧化值超标，损伤细胞，引发病症

B. 重金属和化学残留物超标，破坏人体神经系统，导致中毒发生

C. 致癌物质苯并芘和黄曲霉素超标

D. 反式脂肪酸超标，有致心脑血管疾病的风险

（6）您觉得推广厨余垃圾细化分类回收的最大问题是什么？（多选）

A. 民众的环保意识需要提高

B. 城市规划需要资金投入、完善设施

C. 厨余垃圾分类过程需要做到管理明确到位

D. 厨余垃圾细化分类设施的成本无法控制

（7）您认为还有其他有效又便于推广的回收厨余垃圾油脂的方法吗？如方便，请写明。

_____

（8）请问您从事什么职业？

A. 学生　　　　　　　　　　　　　　B. 企事业单位在职人员

C. 个体经营者或自由职业者　　　　　D. 离退休人员

图 3-48　调查问卷

5. 调查结果统计

第1题，您家（单位）的厨余垃圾进行干湿分类投放了吗？

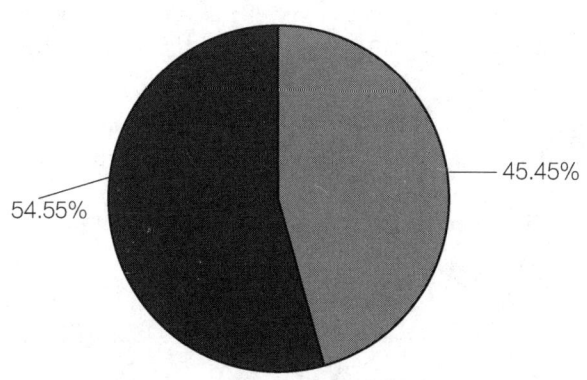

图3-49 第1题调查结果统计

第2题，您所在的社区（单位）是否已经设置了厨余垃圾回收箱？

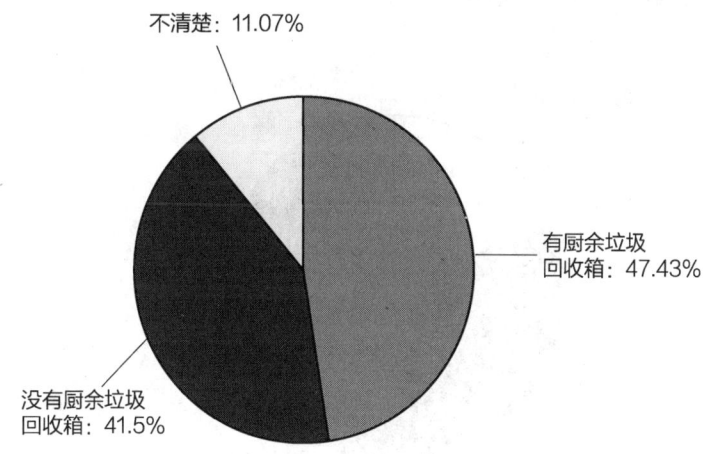

图3-50 第2题调查结果统计

第3题，您会如何处理烹饪后废弃的食用油？

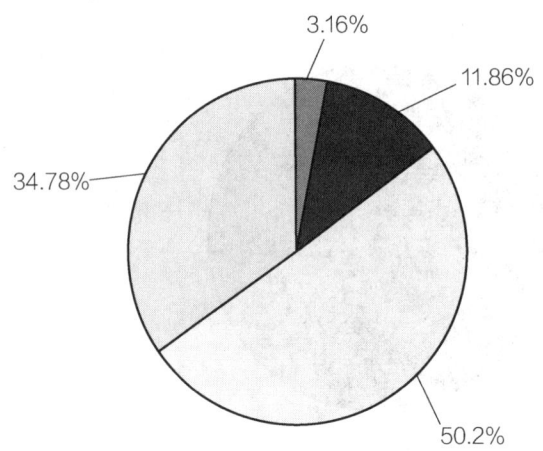

■ 将食用油装进瓶中再次使用　　■ 将废弃的食用油装瓶后丢进垃圾桶
□ 将废弃的食用油直接倒进下水道冲走　□ 装瓶后拿出去卖

图3-51　第3题调查结果统计

第4题，您知道厨余垃圾油脂有什么用途吗？

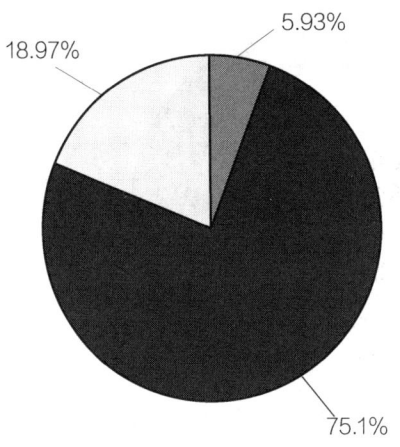

■ 可以回收制成食用油　■ 可制成生物柴油用于工业用途　□ 没有用

图3-52　第4题调查结果统计

第 5 题，您了解"地沟油"的危害具体有哪些吗？

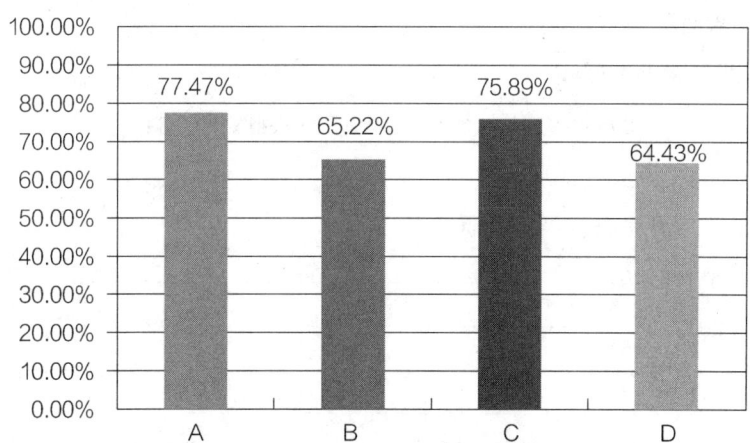

A. 酸价和过氧化值超标，损伤细胞，引发病症
B. 重金属和化学残留物超标，破坏人体神经系统，导致中毒发生
C. 致癌物质苯并芘和黄曲霉素超标
D. 反式脂肪酸超标，有致心脑血管疾病风险

图 3-53　第 5 题调查结果统计

第 6 题，您觉得推广厨余垃圾细化分类最大的问题是什么？

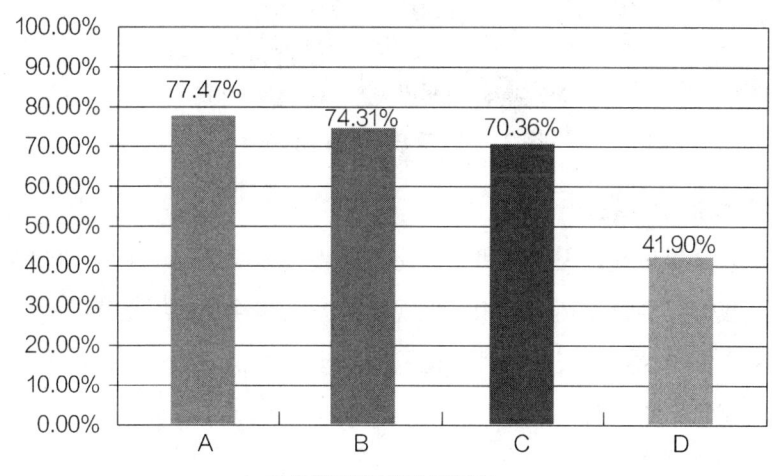

A. 民众的环保意识需要提高
B. 城市规划管理需要投入资金、完善设施
C. 厨余垃圾分类过程需要做到管理明确到位
D. 厨余垃圾细化分类设施的成本无法控制

图 3-54　第 6 题调查结果统计

第7题，您认为还有什么有效又便于推广的厨余垃圾油脂回收的方法吗？

被调查者的建议归纳为：

A. 设立奖励性回收

B. 设立专门的厨余垃圾油脂回收箱并提供回收的容器

C. 向市民多多进行宣传

第8题，请问您从事什么职业？

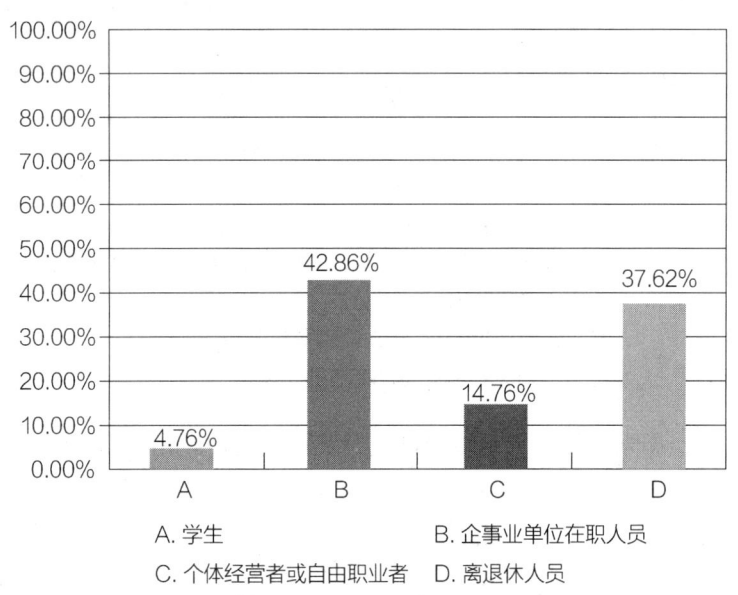

A. 学生　　　　　　　　　B. 企事业单位在职人员
C. 个体经营者或自由职业者　D. 离退休人员

图 3-55　第 8 题调查结果统计

分析结论：

由调查结果可知，大家对厨余油脂的回收具有很高的认可度，觉得是可行的。大多数人已经具有环保意识，但现状是方法和途径都不完善，所以大家并未养成厨余油脂垃圾分类的习惯。但只要确定了回收方法和途径，厨余油脂垃圾分类回收一定指日可待。

四、研究成果

（一）装置的整体结构设计

1. 油脂回收皂化试验

我进行了油脂皂化实验，由于操作的限制，不适宜应用，还有什么办法能更有效地回收油脂呢？

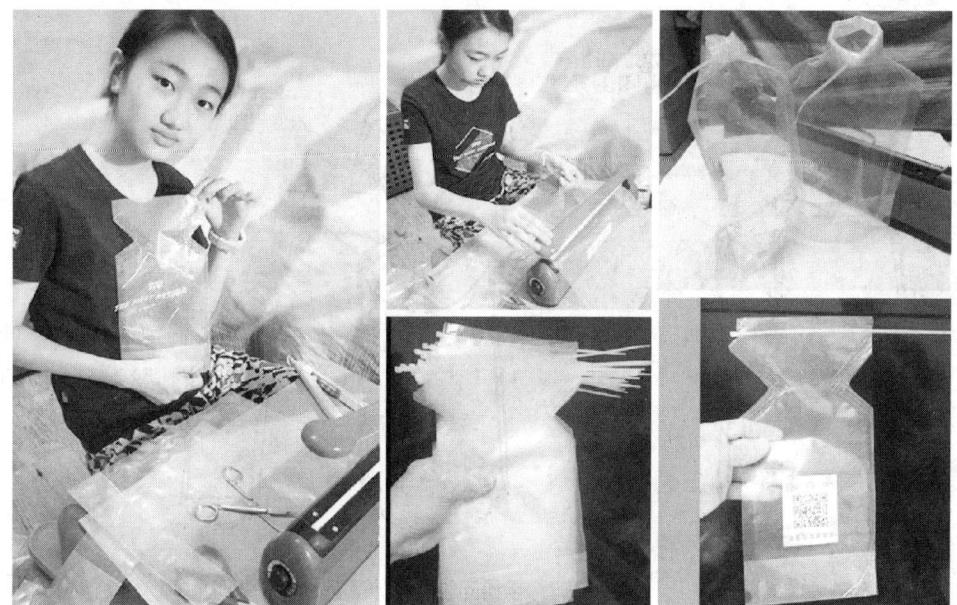

图3-56 进行油脂皂化反应试验

2. 厨余油脂回收袋设计

我设计了在家就能操作的厨余废弃油脂回收袋。塑料袋子设计成瓶子形状，可以站立存放，用袋口围成漏斗状，便于将油脂倒入袋中。最后折叠袋口用拉扣扣紧，即可密封，便于收集存放。我用塑料袋和塑封机制成样品袋，并用水和油做了密封实验。我设计的袋子放了油之后可以像瓶子一样站在桌面上，方便在家收集存放，并能安全投入油脂回收箱内。

我还在袋子上设计了能够在回收机器上扫描的二维码，通过扫码来识别，大数据平台上有据可查；同时开启回收机器的开口，以便于投放回收，并在回收检验合格后进行相对的奖励回馈，如图3-57、3-58所示。

3. 厨余油脂回收柜概念设计图

我设计了油脂垃圾智能回收柜，采用触摸屏幕选择投放方式，回收口自动打开后通入回收袋，自动称重，确认合格后进行奖励。居民用口袋盛装的方法，将油脂垃圾化零为整，汇总后由工业制油企业定期进行收集，而后制成工业柴油再利用，如图3-59和3-60所示。

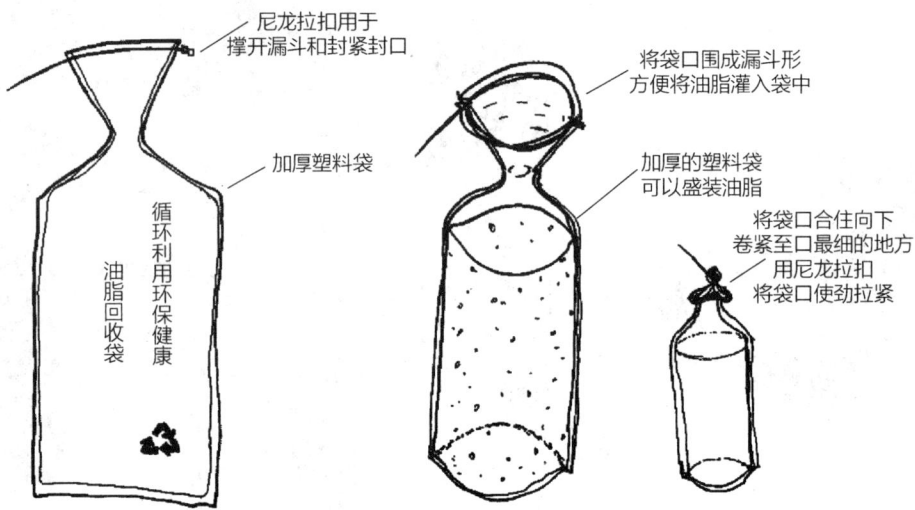

图3-57 手绘回收袋设计草图

图3-58 用塑料袋制作油脂回收袋

第三章 多维大脑——科技创新思维课程实践应用成果

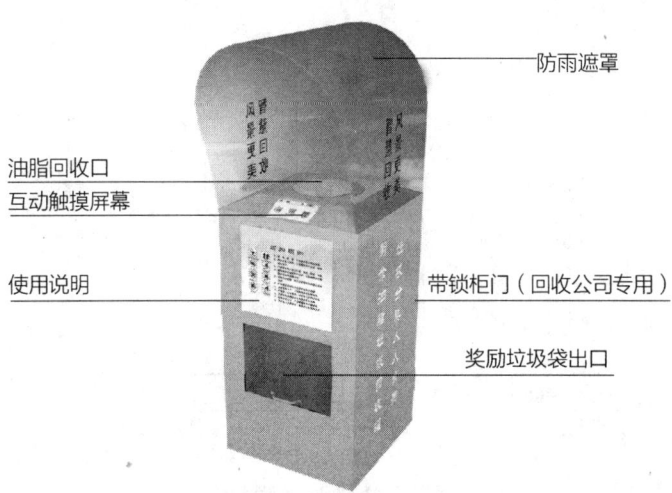

图3-59 厨余油脂回收柜概念图

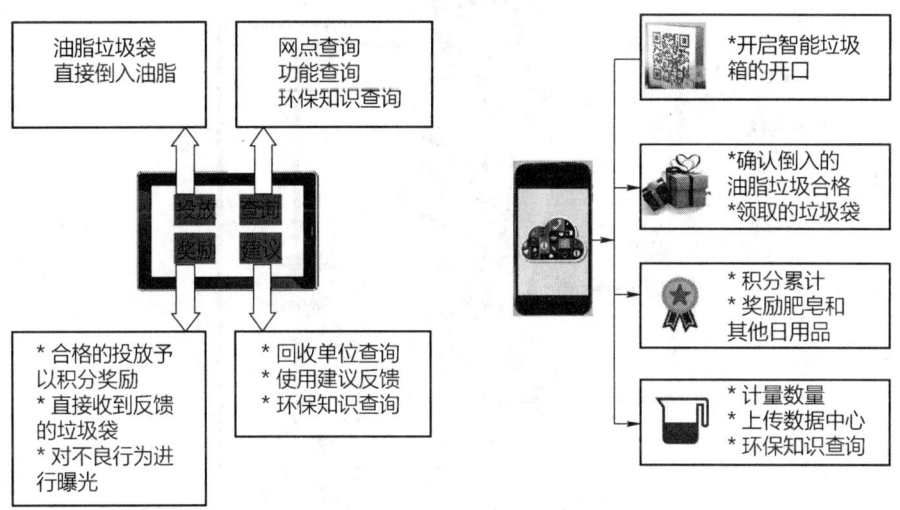

图3-60 智能回收柜触摸屏界面设计（左）、手机端微信程序设计（右）

4. 具体回收流程图

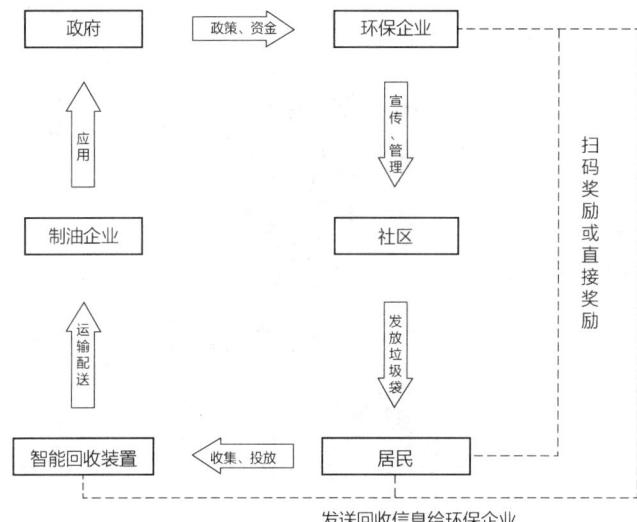

图 3-61　回收流程图

（二）回收厨余垃圾实施流程

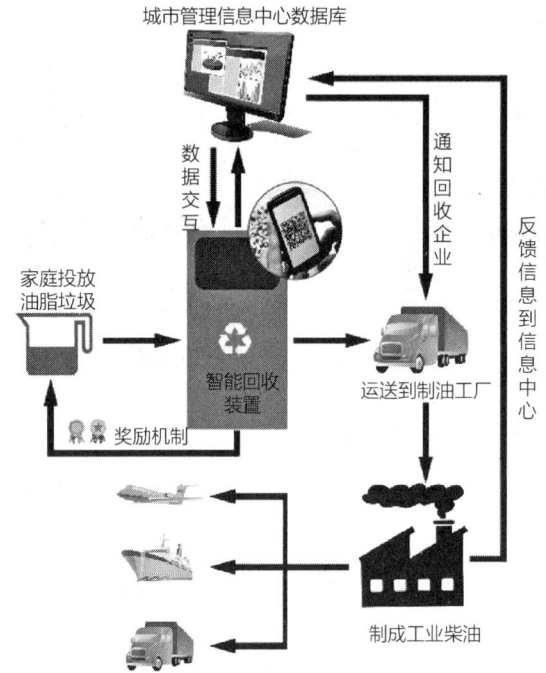

图 3-62　实施技术流程图

假期里，我与社区人员一起在小区附近做了两次试点宣传，发放厨余油脂垃圾袋约 80 个，并请参与人员留下反馈意见，小区民众对厨余油脂垃圾回收表示赞同与支持。

图 3-63　宣传活动现场，市民积极参与　　图 3-64　试点宣传活动回收的厨余油脂垃圾袋

（三）社会影响力

1. 走访专家，请教指导，并得到专家认可。

图 3-65　走访资深专家西城区城管委固体废弃物管理科李刚科长

2. 得到政府部门、媒体的认可。

图 3-66　得到政府部门、媒体的认可

2. 得到社区居民的好评。

图 3-67　试点宣传活动现场留下的居民反馈意见表，收获鼓励与肯定

五、结论和建议

（一）推广油脂回收装置的必要性

国内外目前都开始利用"地沟油"制造航空煤油和生物柴油，家庭的厨余油脂垃圾倒入下水道，会造成环境问题。随着国内垃圾分类的推行和人们意识的逐渐提高，大家有意愿并且能够利用便捷的途径，回收厨余油脂垃圾。当垃圾分类回收的意识慢慢被培养起来，大家都会积极参与进来。回收油脂垃圾会从点到面，汇总后交由相关部门变废为宝。

（二）可行性分析

北京市约有 1171 万人口（2018 年数据），据统计，每日产生的厨余垃圾量达到 2000 吨，根据前面资料的统计，垃圾成分中粗脂肪约占 20%—40%，保守估计，家庭厨余垃圾中的粗脂肪最低量也会达到 7%，也就是每天 140 吨。如果每天有 70 吨能够合理回收，一个月就有 2100 吨的厨余油脂被转化为工业柴油。按照 6000 元/吨的价格计算，效益能达到 1260 万元，年产值 1.5 亿元。油脂回收必然会带动经济效益的大提高，为社会、为人类造福。

（三）建议由北京市城市管理委员会投入人力、物力进行推广

1. 建议政府制定出台关于垃圾分类的强制措施，并且由专人监督执行。
2. 管理部门进行大力宣教，提高居民回收意识。
3. 油脂公司可以参与垃圾分类回收项目，回收油脂产生的部分效益可以作为回收油脂公司的运营成本。
4. 批量制作厨余回收垃圾袋，配合垃圾分类回收活动进行发放。选定人口密集的小区安装智能回收箱，确保发出的垃圾袋在盛装油脂后，有地方投放。

（四）相关部门的工作

此建议提给北京市城市管理委员会，希望能够予以采纳，为北京垃圾分类建设贡献一份力量。

六、展望

通过问卷调查和实地试点的意见反馈，了解到大多数人有垃圾分类的意

愿，并愿意配合环保工作。如果智能化垃圾分类的基础设施都齐备了，大家逐渐养成了自觉进行垃圾分类的习惯，并且有单位主动将厨余油脂垃圾回收，就会有大量的油脂加工成工业柴油，用到工业生产和运输中来，就会为国家节省大量的能源，为社会创造更多的经济效益。

七、创新点

用高效便捷的装置回收厨余油脂垃圾，使垃圾分类更加细化、智能化，更便于管理。利用大数据对资源进行分配整合，从民众厨余垃圾中收集油脂，化零为整，为制备生物柴油提供更多的原料。

八、参考文献（略）

郭盈希同学创新项目研究的收获和体会

近年来，我国餐厨垃圾数量在逐年递增，但目前北京的家庭和小区并未细分出厨余油脂，油脂的处理成了难题。所以，我想研究出便捷易行的方法，回收家庭废油并二次利用。

利用业余时间，我查找资料、咨询老师和专家，并与西城区城市管理委员会固体废弃物管理科的专家进行了卓有成效的交流；我还进行了实地考察和社会调查，发现民众认可对厨余油脂的回收，并感觉前景广阔；我设计了油脂回收袋与油脂垃圾回收柜，用回收袋盛装油脂，将油脂化零为整，汇总后制成柴油再利用；经城市管理委员会的批准和协助，我还进行了试点宣传活动，发放油脂回收袋并请参与者留下反馈意见，得到小区居民的赞同与支持。最后，我提出了关于废弃油脂回收的可行性建议。

我要感谢宣武科技馆的毕欣老师和北京四中的卓小利老师给予我的耐心指导，感谢西城区城市管理委员会的专家李刚科长给予的无私帮助，我还要感谢家人、朋友提供的建议，这些都使我受益颇深。

在研究课题期间，我本着对科技知识的探索追求精神和为社会进步奉献一份责任的愿望，做出了可喜的成绩。我体会到，做科学研究需要有严谨的态度和周全的考虑。今后，我会不断地提高自己的水平，克服困难，向更高的目标迈进！

学生创新项目四　具有自动切换功能的耳机音箱

作者简介：王乐凡，高中就读于北京十三中，现为北京航空航天大学中法工程师学院研究生，曾获北京市青少年科技创新大赛一等奖。

> **解读分析：**
>
> 该选题是从青少年喜爱的音乐和播放方式的视角发现问题，开始质疑并引发思考。音乐是当下许多年轻人休闲方式的首选，但在耳机和音箱的选择上，往往会使人纠结。耳机可以让自己享受音乐，但很难与人分享；音箱音质较好，大家一起听，又怕影响他人。也有人将耳机当作音箱使用，把耳机音量调到最大，并将耳罩外翻，这么做，音量有限而且音质也差，最大音量的耳机播放，也会损伤耳朵。为解决这一问题，王乐凡同学想研发能够同时拥有耳机和音箱的功能，即组合创新，可以自动判断是耳机模式还是音箱模式，这两种模式自动切换音量。
>
> 老师肯定了他的创意，并对项目的技术性、科学性、创新性、实用性等方面做了详细指导分析，王乐凡开始探究实施方案，研发制作经历了 3 个版本的设计修改、深层高阶思考：1.0 版本时采用光感设备来判断是耳机模式还是音箱模式，但在无光区域无法实现音箱模式；改进的 2.0 版本克服了 1.0 版本的缺点，采用编码和红外设备来判断是耳机模式还是音箱模式，原理是感觉人体温度来识别耳机模式；升级的 3.0 版本在 2.0 版本耳机外侧加装了两个小型扬声器，使音箱模式下音质更完美。创新点是采用光学或红外自动切换方式，有效控制音量；USB 供电方式增加更多的放音设备，也可以增加小型电池，进一步扩大适用范围。这款小型应用产品，拥有市场推广前景。
>
> 从项目中我们看到了学生研发的乐趣、热爱生活和乐于改善生

> 活的态度。为了完成这项发明，王乐凡进一步学习了单片机编程、电子技术、焊接技术、无线通信技术等，并学以致用，积极动手动脑，增强了学习积极性，拓展了创新空间。从研发过程，可以看出小作者精益求精、永不放弃的科学精神和科学态度，创新实践活动促进了学生核心素养的发展。

一、研究背景

（一）问题的提出

我是一个喜爱音乐的学生，在为自己配备音乐装备的时候，经常被一个问题困扰：买耳机还是买音箱？两个都买会造成经济上的紧张，外出时携带也成了问题。尤其是春游的时候，我既想和同学分享，又怕打扰别人。这个问题困扰了我好久，直到看到苹果公司的一款产品，这款产品可以将耳罩翻开变成扩音器，但也需要手动操作。于是我产生了做一款可以自动切换模式的"耳机音箱"的想法。

（二）国内外研究现状

目前世界上只有苹果的一款耳机和双飞燕的 d100 有类似的功能，但都无法实现两种模式的自动切换和自动控制两种模式下的音量，而且双飞燕设备还需要增加扩音器。

二、研究目的

做出一款可以自动在耳机和音箱模式之间切换，并能自动调节音量的便携播放设备。

三、研究线路

（一）总体思路

我的设计总体思路如图 3-68、3-69、3-70 所示。

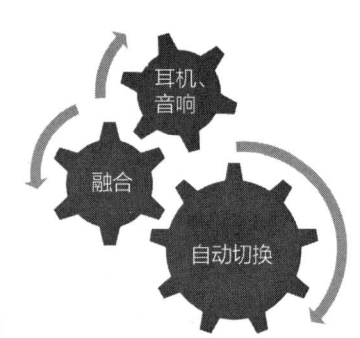

图 3-68 设计思路一

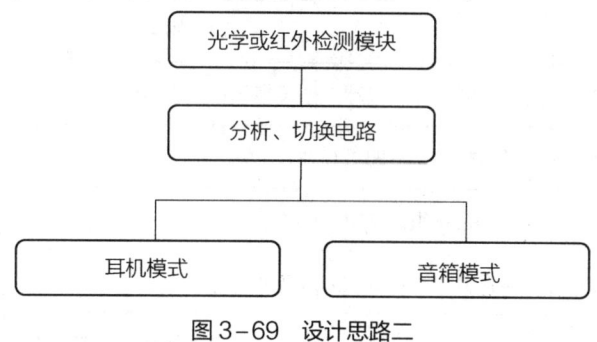

图3-69 设计思路二

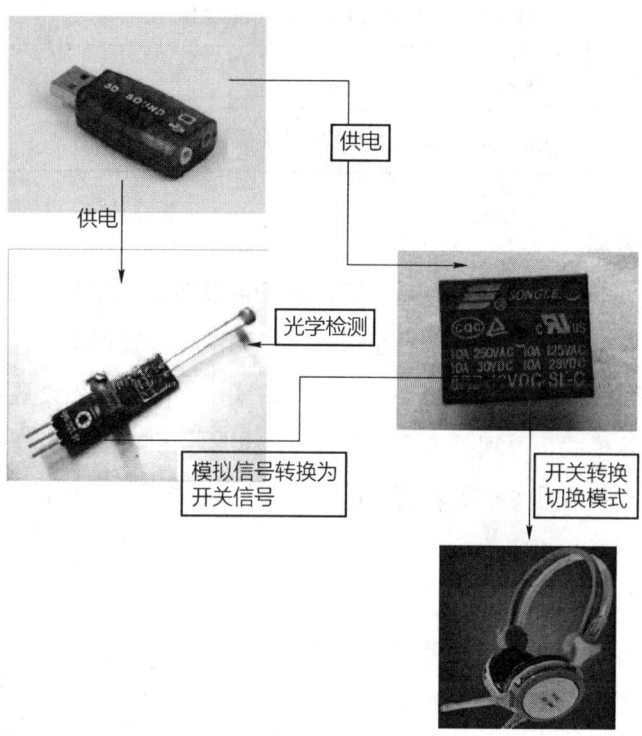

图3-70 设计思路三

（二）研究进程

研究进程见表3-8。

表3-8 研究进程

时间安排	研究内容
2011.9—2012.3	请教老师,确定"球形四旋翼飞机"选题。
2012.3—2012.5	与老师探讨项目的可行性。
2012.5—2012.6	绘图,查找相关资料。
2012.5—2012.7	采购材料,投资过大,放弃此选题。
2012.7—2012.8	重新讨论选题,确定制作"具有自动切换功能的耳机音箱"项目。
2012.8—2012.9	绘制设计图纸,采购材料,进行试验制作。
2012.9—2012.10	1.0版本制作完成。
2012.10—2012.11	升级的2.0版本和3.0版本制作完成。

四、设计方案

设计1.0版本时,采用的方案是用光感设备来判断是耳机模式还是音箱模式,这个方案有个致命缺点,就是在无光区域无法实现音箱模式。

改进的2.0版本克服了1.0版本的缺点,采用编码和红外设备来判断是耳机模式还是音箱模式,原理是感觉人体温度来识别耳机模式。

升级的3.0版本在2.0版本所使用的耳机外侧加装了两个小型扬声器,以便在音箱模式下音质更完美。

五、制作过程

1. 系统构成:耳机、光敏电阻、电路切换器。

2. 部件介绍,如图3-71所示。

(三)制作步骤

1. 光敏电阻安装在耳机内侧,对于光线进行检测。当有光线照射时,电阻变大,减小检测电路电流,传递模拟信号。

2. 检测单片机电路电流,与模拟信号进行对比,将开关信号传输到电磁开关上。

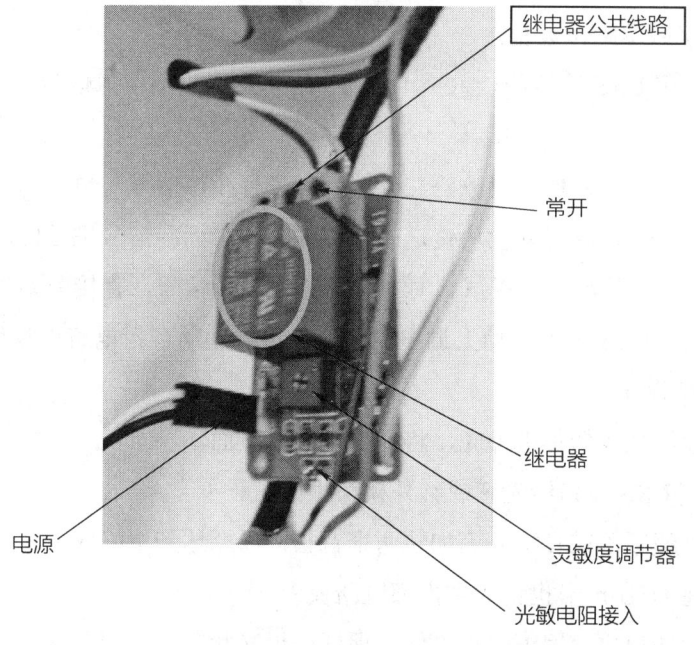

图3-71 组装器件简介

3. 电磁开关根据信号切换到不同的状态，转换成耳机电路或者音箱电路。使用电磁开关不会出现压降，保证了低电压下耳机工作的稳定性，如图3-72所示。

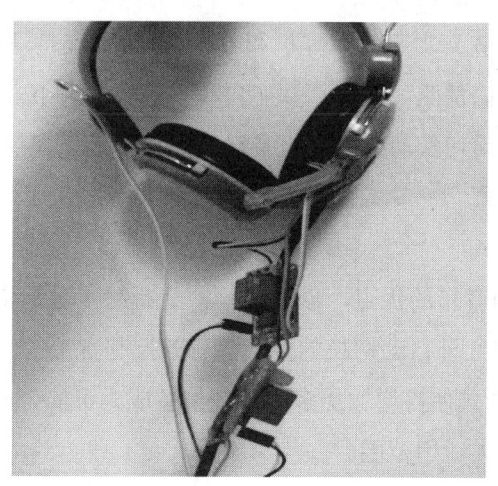

图3-72 具有自动切换功能的耳机音箱
（外接器件可以加装在耳机内部，此制作为了演示方便）

4. 升级版本制作过程：

（1）使用 USB 连接线接入声卡部分，给单片机输出模拟信号，同时给红外检测模块供电。

（2）红外检测模块发射编码红外线，并进行模拟信号与单片机的比对。

（3）单片机接收红外模块传送的模拟信号，与标准信号进行比对，决定是否切换模块。切换到耳机模式，耳机电路接受音频信号，直接驱动耳机；切换到音箱模式，USB 声卡自动上调电流强度，再次驱动音箱电路接收信号。

5. 机械设计：

（1）使用现成的耳机外壳，将硬件安装在里面。

（2）从 USB 接口给光感或红外模块供电。

（3）升级版本在耳机外侧加装两个音箱，以期达到更好的放音效果。

（4）将 USB 声卡也集成到内部电路板中。

（5）检测模块使用编码红外线，保证在无光状况下的使用。

六、技术原理

使用单片机将模拟信号转换为开关信号，使用电磁或模拟开关避免压降，适应低电压的耳机模式工作，对于接口等问题降低要求，扩大适用范围。

七、研究结果与应用

这是一款既经济又实用的"耳机和音箱"，它不仅是耳机也是音箱，最大的优点在于能自动识别两种模式，并能自动调整音量大小。

这款"具有自动切换功能的耳机音箱"为移动音乐提供了新的解决方案，具有很好的市场前景。

八、创新点

1. 结合耳机和音箱的优点，创造出一种全新的移动音乐播放解决方案。

2. 采用光学或红外自动切换的方式，有效控制音量。

3. USB 供电方式使得增加更多的放音设备成为可能，同时也可以再增加小型电池，进一步扩大适用范围。

4. 属于小型应用产品，拥有市场推广前景。

九、不足与展望

此款"具有自动切换功能的耳机音箱",只是完成了自动检测的设计,今后还想采用共振的方式,使音箱的音色更加完美。

十、参考文献(略)

王乐凡同学创新项目研究的收获和体会

青少年科技大赛对于高中生来说是一个将所学知识转化为实际成果的极好机会。在参加这一比赛之前,大部分的奇思妙想对我来说只是白日梦。但在参加科技大赛的过程中,我有了将自己的想法付诸实践的机会。尽管有些想法不够切合实际,但是在和他人交流的过程中,想法与现实不断碰撞,使我认清了哪些是不切实际的幻想,哪些又是贴近现实,可以实现的创新。这个过程很像是现在的研发,但是对高中生来说,这一过程是弥足珍贵的。在参加青少年科技大赛的过程中,我不但完成了自己的项目,而且对当代青少年的科技创新水平与我高中所学的知识有了更深的认识。

我在比赛的过程中见到了许多优秀的作品与项目,这对开阔我的眼界有极大的帮助。给我留下深刻印象的轮椅、飞机设计,让我对北京市高中生的创新水平有了新的认识。在一些优秀项目上,高中生体现出了不亚于大学本科生的创新水平。同时,感谢毕欣老师和杨教授的帮助,他们的指导使我对科技创新的流程有了更多的了解。除此之外,我还有机会进入大学的实验室,得到大学教授的科研指导,我倍受鼓舞。

虽然这个项目没能在改进后得到进一步的发展或是投入生产,但是2016年的Axent Wear让我认识到有时高中生的创新项目是有其实际使用价值与商业价值的,希望更多的人能够将创新创意付诸实际,而不是有着"我能想到,那别人早想到了"这种想法。应该说,科技创新大赛是一个好的起点。

学生创新项目五 智能快速查找快件装置的研究

作者简介:王汝佳,就读于北京市第四中学,曾获得FIRST中国总决赛暨国际邀请赛二等奖、中国青少年机器人竞赛一等奖等。

> **解读分析：**
>
> 该选题来源于生活中的快递包裹。近年来，人们对网购需求大，快递包裹愈来愈多，"丰巢"等智能快递柜，只在部分小区才可以安装，所以，经常看到快递件放在门卫室、物业或小卖店等地方，作为临时寄存点，数量众多、堆放杂乱，取件人无法快速找到，也容易丢失。针对这一问题，爱思考的王汝佳同学与老师沟通、请教，从中受到启发，想开发一款将快递包裹快速定位、为取件人提供迅速取件的服务，循环使用有定位标识的盒子符合环保理念。研究目的是满足用户快速查找到快件的需求，对现有快件收取方式进行有效补充。
>
> 王汝佳同学在老师的指导下，查阅资料、调研走访、设计快速查找快件智能模型装置，利于收件人快速找到包裹。项目建议可以先进行局部区域试点，通过多次实验，依据调试结果不断优化，继而进行推广应用。整个探究过程，体现以学生为主体、教师为主导，每一环节都满载着创新思维方法和应用，比如，从开始对问题的敏感质疑批判、新思路灵感顿悟、众多制作方案的发散思维和收敛聚焦、多学科多种技术融合、应用迁移、策略优化等，提升学生多维大脑的思考空间和大胆探索的能力。教师应鼓励学生的想法，引导他们学会思维，逐步选择最佳解决方案，为创新助力！
>
> 从生活中来，也体现了笔者建构具有生活价值的学习课程的重要意义，学生们亲身感受到观察生活、发现问题、创新践行、体验探索的艰辛与快乐，最终获得成功。能用自己所学的知识、技术来改善生活，从而更加热爱学习科技文化知识，也更加热爱生活。青少年能为社会做出贡献，应该感到无比自豪！

一、研究背景

近年来，人们的生活方式在加快转变，快递包裹也将会愈来愈多。在日常生活中，由于快递收取人因故不能当面取件的原因，经常能看到很多快递放在门卫室、物业或小卖店等地方，这些临时寄存点也没有管理的义务，所以存放杂乱，尤其是数量多时就无法快速找到快件了。如今虽然有"丰巢"智能快递柜，但是这只有在有条件的小区才可以安装，有些也不够用，部分住宅小区、学校、医院、政府机构、科研院所等场所，由于其特殊环境，只能由门卫室代收。另外，也有很多超大、超重、易损坏的快件无法放置到快递柜中。所以只能选择物业、小卖店、门卫室等人工代收点临时寄存。

从经济效益角度讲，假设寻找每个包裹平均需要 3 分钟，那么按照 1000 万人计算，则一共需要消耗 3000 万分钟，也就是 500 万小时。每小时按照最低人工工资 21 元计算，需要 10500 万元。如果采用本系统，10 秒就可以定位到自己的包裹，则会将时间消耗减少 18 倍。

从环保角度讲，目前快递业务量首次突破 312 亿件，每年有数百万吨生活垃圾需要处理，尤其是快递纸箱，更是极大的浪费。随着瓦楞纸箱原材料价格疯长，逼得快递公司纷纷涨价。采用奖金红包的方式对带有定位功能的环保盒子进行回收，每次用户回收之后都会得到微信红包之类的随机奖励，这样就可以培养用户的环保的意识和习惯。

从以上几点出发，我想到通过开发一款针对快递包裹快速定位、回收的全覆盖系统来达成此构想。本系统为快递公司提供投递后台管理，为包裹所有者提供快速的定位服务，为服务管理者提供环保、可循环使用的定位标识盒子，提高社会时间利用率，降低使用成本。

二、研究目的

（一）打通快件收取的"最后一公里"，完善快递收取方式。

（二）收取人能快速找到自己的快递。

（三）提高快递行业服务质量。

三、研究方法及过程

（一）技术路线

研究技术路线如图3-73所示。

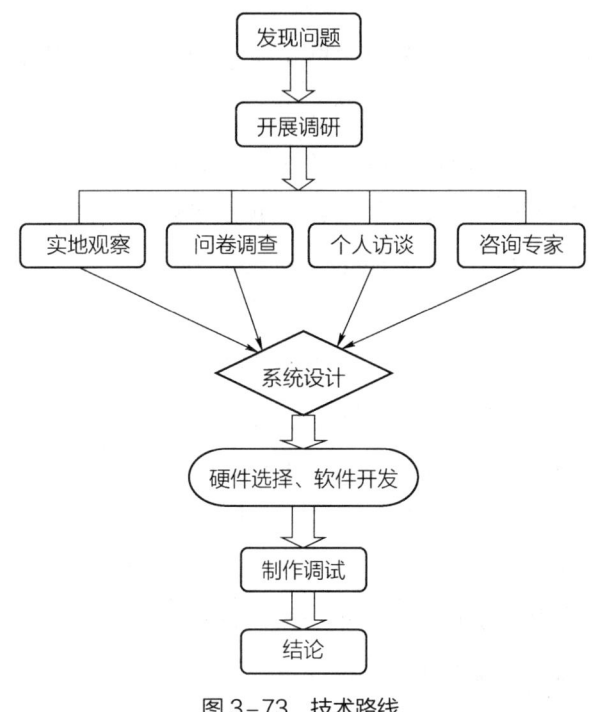

图3-73 技术路线

（二）开展调研

访谈对象包括取件人、快递员、快递公司管理者、门卫室等临时代收人员，听取他们对快件临时存取的认识和看法。利用"问卷星"制作微信调查问卷，在我、父母、同学的微信朋友圈中开展网络调查，让快递公司的管理人员帮忙进行线上和线下的问卷调查。通过咨询定位技术、App开发领域的专家，深入研究实现软件硬件定位的方法途径。

（三）查阅资料、文献、分析研究

通过到图书馆查寻、网络搜集、阅读相关书籍资料等途径，了解国内快递行业的法律法规；了解目前行业内的解决方案、现行各家产品的优缺点，以及服务器端、移动端、App程序开发的相关知识。

通过对调查问卷的结果进行统计分析、对访谈及实地考察的情况进行汇总梳理,找出目前临时快递寄存和用户收取快递面临的主要问题,思考有效解决方法,并有针对性地设计快速查找快递的智能装置。

(四)装置的设计制作和模拟

根据上述调查及分析结果,进行初步设计。咨询专家、行业主管部门,对市场硬件装置进行调研和采购,运用编程语言进行软件设计、模拟调试,并改进完成。

四、调研结果和分析

(一)实地调研结果分析

利用假期和周末,我选择具有代表性的城市核心区西城区、主城区石景山区和郊区大兴区的住宅小区、学校、医院、办公楼等场所进行走访、调研,并做记录。

图3-74 实地观察调研

表3-9 实地观察调研记录

日期	时间	地点	快件送达数量	存入智能柜数量	用户当面签收数量	寄存代收点数量	改日再送数量
7月28日 星期五	9:00—12:00	西城区羊肉胡同小区	18	5	4	9	0
7月28日 星期五	14:00—18:00	西城区羊肉胡同小区	27	8	6	11	2
7月29日 星期六	9:00—12:00	大兴区彩虹新城小区	43	9	12	19	3

续表

日期	时间	地点	快件送达数量	存入智能柜数量	用户当面签收数量	寄存代收点数量	改日再送数量
7月29日 星期六	14:00—18:00	大兴区彩虹新城小区	52	12	17	21	2
8月13日 星期四	9:00—12:00	石景山区创业大厦	23	0	15	8	0
8月13日 星期四	14:00—18:00	石景山区创业大厦	26	0	17	8	1
8月14日 星期五	9:00—12:00	西城区某医院	25	0	7	18	0
8月14日 星期五	14:00—18:00	西城区某医院	28	0	5	22	1
9月26日 星期二	14:00—17:00	西城区某学校1	23	0	0	23	0
10月16日 星期一	14:00—17:00	西城区某学校2	27	0	0	27	0
合计			292	34	83	166	9
收取方式占比				11.6%	28.4%	56.8%	3.2%

根据实地调查的结果：

11.6%的快件临时存放在智能快递柜，28.4%的快件是用户当面取走的，56.8%的快件临时寄存在门卫室等代收点，3.2%的快件约定改日再送达。

从调查结果看，目前使用智能快递柜的只有个别住宅小区，学校、医院、办公楼等场所还不适合安装智能快递柜，人工代收点存放快件的比例在一半以上。数量众多的快件放置在临时地点，杂乱堆积在一起，缺乏有效的管理，取件人查找快件存在困难的现象比较普遍。

（二）问卷调查分析、调查情况统计

为进一步调查了解快递寄存和收取的情况，能更准确地反映现状，我制作了调查问卷，通过微信朋友圈进行调查，共收到有效问卷1063份。

1. 请问您每周取快递的次数：

选项	小计	比例
A. 0—3 次	767	72.15%
B. 4—6 次	267	25.12%
C. 7 次以上	29	2.73%
本题有效填写人次	1063	

2. 请问您每次收取快件时，在哪里接收快件？

选项	小计	比例
A. 单位门卫室	346	32.55%
B. 小区物业或小卖店	407	38.29%
C. 在自己家里	178	16.75%
D. 其他	132	12.41%
本题有效填写人次	1063	

3. 当您无法当面接收快件时，您会怎么处理？

选项	小计	比例
A. 告诉快递公司改日再送	113	10.63%
B. 让快递公司将快件临时寄存在单位门卫室、小区物业或小卖店等代收点	707	66.51%
C. 都可以	212	19.94%
D. 其他	31	2.92%
本题有效填写人次	1063	

4. 当您面对数量众多、堆积杂乱的一大堆快件时，能一下子就找到自己的快件吗？

选项	小计	比例
A. 能	292	27.47%
B. 不能	379	35.65%
C. 不一定	392	36.88%
本题有效填写人次	1063	

5. 代收点查找快件平均约需多长时间？

选项	小计	比例
A. 3分钟以内	461	43.37%
B. 3—6分钟	475	44.68%
C. 6—9分钟	102	9.6%
D. 9分钟以上	25	2.35%
本题有效填写人次	1063	

6. 您是否想尽快在一堆快递中找到自己的快递？

选项	小计	比例
A. 是	1010	95.01%
B. 否	53	4.99%
本题有效填写人次	1063	

7. 当您在杂乱无章的临时堆积点很长时间找不到快件时，是否会产生烦躁情绪？

选项	小计	比例
A. 会	621	58.42%
B. 不会	227	21.35%
C. 不一定	215	20.23%
本题有效填写人次	1063	

8. 您平时使用智能快递柜收取快件吗？

选项	小计	比例
A. 使用	517	48.64%
B. 不使用	351	33.02%
C. 不一定	195	18.34%
本题有效填写人次	1063	

9. 您的什么类型的快件不会使用智能快递柜？（可多选，可添加）

选项	小计	比例
A. 超大超重物品	671	63.12%
B. 贵重物品	702	66.04%
C. 易被损坏的物品	495	46.57%
D. 有纪念意义的物品	304	28.6%
E. 食品、药品	244	22.95%
F. 其他不适合使用的物品	266	25.02%
本题有效填写人次	1063	

10. 您是否希望能有在人工代收点快速找到自己快件的装置？

选项	小计	比例
A. 是	1012	95.2%
B. 否	51	4.8%
本题有效填写人次	1063	

通过调查问卷可以得知，大部分人在收取快件时都会遇到麻烦，体会到了不便，同时还可能产生衍生影响。

70.84%的人会从单位门卫室、小区物业或小卖店收取快件；66.51%的人在不能当面收取快件时，会让快递公司将快件临时寄存在单位门卫室、小区物业或小卖店等代收点；35.65%的人面对数量众多、堆积杂乱的一大堆快件时，不能一下子就找到自己的快件，还有 36.88%的人无法确定自己的快件；58.42%的人会在杂乱无章的临时堆积点很长时间找不到快件时，产生烦躁情绪；22.95%—66.04%的人不同程度上认为有很多超大超重、贵重、易损耗、特殊意义的物品不适合采取智能快递柜的方式收取；95.2%的人希望能有在人工代收点快速找到自己快件的装置。

根据上述调查及分析结果，为了更好地实现构思，我向定位技术和 App 开发专家进行深入的学习和研究，进一步学习物联网技术、现行定位技术、App 程序开发语言等相关内容，咨询探讨通过上述技术实现定位查询的可行性和科技手段。

五、设计方案

（一）设计思路、方案确定

实现功能的基本流程包括：快递员将包裹送到用户指定地点后，打电话给用户。用户因故不能当面取件，要求将快递放在代收点，然后快递员利用手机 App 通过局域网将包裹上的匹配信息传给服务器，服务器将接收到的信息暂存（因为用户暂时不在局域网范围）。当用户回来取件时，就进入了局域网范围，服务器将暂存包裹信息传到用户手机 App 上。用户利用手机 App 发出取件请求信息给服务器，服务器再将请求信息利用窄带传输技术（无线通信）传给包裹上的装置，包裹上的装置接到指令后发出光响，用户通过光响找到快递。

（二）系统组成

该系统主要由无线呼叫器、App客户端、云端服务器、无线接收器组成。云端服务器主要由用户岗位授权、呼叫器设备管理、提供商管理、设备证件管理、发件和取件管理以及呼叫器生命周的管理等业务模块组成。

（三）硬件设计

1. 硬件定位通信原理

利用窄带传输技术，通过载波频率433MHz信道进行无线通信。硬件通信模块之间采用定点传输模式，发送和接收模块之间通过地址＋信道＋数据方式进行通信。

2. 通信模块结构图

无线通信是利用电波信号可以在自由空间中传播的特性进行信息交换的一种通信方式，把电流信号通过发射器发到天线上，然后天线将信号作为一系列电磁波发射到空气中，信号通过空气传播到接收器。

3. 软件设计（App开发）

（1）App客户端功能框图、示意图及其功能

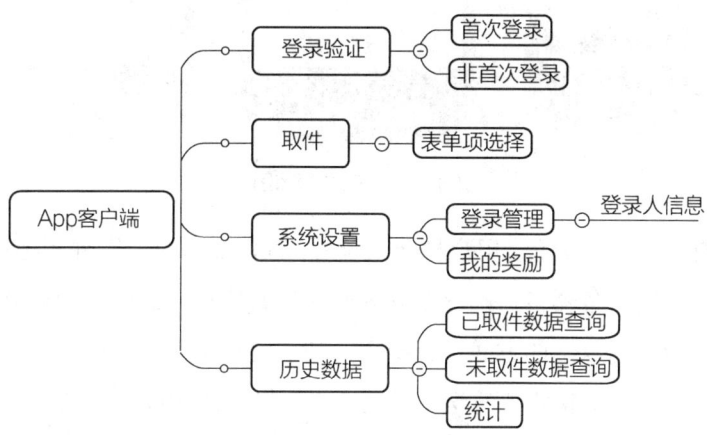

图3-75　App客户端功能框图、示意图及其功能

登录人进行系统 Auth 验证，登录后的信息自动存储在手机设备的数据库中，第二次登录自动验证。

系统设置功能完成登录人信息与奖励信息的浏览，登录人可选择退出登录等操作。

当用户拿到自己的包裹后，可以将盒子上的呼叫器扫码归还，归还后的奖金会以微信红包的形式自动发送到包裹所有人的手机上，用户得到奖励金。

（2）用户注册登录验证

主要通过手机号码注册，手机收到相应的短信验证码，在 App 上输入验证码完成注册。

（3）取件功能设计

图 3-76　取件功能设计

取件有统一操作流程，用户打开系统后，直接点击我要取件图标进行操作。本功能提供读取服务器接口，获取登录人的包裹信息，读取成功后显示表单选择画面。画面采用点选的方式进行操作，减少用户录入。当用户按下定位按钮后，系统自动给频率接收器发送信号，接收器发生声响或者震动，LED 灯开始闪烁提醒，如图 3-77 所示。

图 3-77 自主研发快件包裹接收装置

4. 制作和调试

（1）制作

依据设计方案及各个功能模块的原理，制作直观的模型。

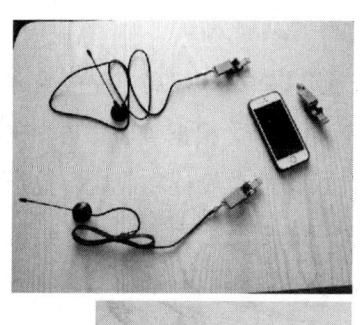

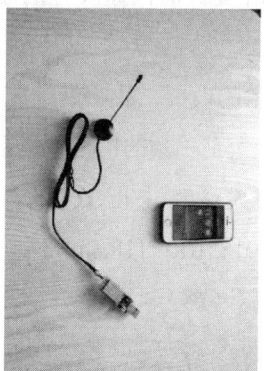

图 3-78 智能模拟快速定位装置

(2) 调试运行

通信模块方面：在调试中，点完程序状态监控后，通信模块驱动成功，经过在设备管理器中添加通信端口后，程序可以正常工作。

App端加载页面信息：服务器的路由地址没有按照既定规则进行正确配置，通过修改正确的地址后，程序可以被加载。

六、可行性研究和系统推广

该系统涉及快递企业、快递收件者、场地的所有者，站在用户与场地管理者的角度，解决最后一公里的问题。区域设置的主服务器1000元/台，智能装置费用20元/件，按照每批次生产采购1000件计算，智能装置的成本会降为3—5元/件。成本大大降低，能提高服务质量和效率，为用户提供便利，实现低碳环保生活。

七、结论

通过"智能快速查找快件装置"的研究，打通了快件收取的"最后一公里"，对现有快件收取方式进行了补充和完善，实现了收取人能快速找到快件的目标。

八、创新点

该智能装置2018年10月申请专利，国家知识产权局已完成受理工作。

2018年10月11日对该智能装置进行了查新，根据查新报告，在国内公开发表的文献中未见相同报道，具有新颖性。该装置设计完成后，我走访了相关行业管理部门，得到了认可。认为该装置设计新颖、实用性强、装置轻便、便于安装，能有效解决目前快递收件的难题。

九、展望

随着科学技术的发展，我将继续完善，优化本系统的智能化功能，为最终实现一个智能的、无人工干预的快递定位系统做出自己的努力。该装置的研究成果得到了新闻媒体的关注，中国教育信息化网 http://www.ict.edu.cn/ html/temp/indextest/word/n20181012_118.shtml 进行了登载，北京《法制晚报》进行了报道。

十、参考文献（略）

王汝佳同学创新项目研究的收获和体会

我兴趣爱好广泛，尤其是在数学、科技创新、机器人、信息学方面表现突出。小学期间多次获得西城区三好学生和优秀队干部荣誉，从小学六年级开始参加科技创新、机器人制造活动，初中开始系统学习和参加科技创新、机器人、信息学竞赛活动。曾获得FIRST工程挑战赛北京选拔赛一等奖、亚军，FIRST中国总决赛暨国际邀请赛二等奖，北京青少年机器人竞赛一等奖、冠军，第18届中国青少年机器人竞赛一等奖，北京市青少年信息学奥赛普及组二等奖，北京市青少年信息学奥赛提高组二等奖，北京少年科学院"小院士"课题研究活动一等奖，北京市中小学生金鹏科技论坛二等奖。

该创新项目的研究探索，是我通过与老师研究确定的选题。经过调研实践，逐步设计出一款快速查找快件的智能装置，使收件人可以便捷地找到自己的包裹，建议先期进行局部区域试用，通过多次试验和调试，使装置不断优化，既而进行推广应用。本装置的目的是满足用户快速查找到快件的需求，提高快递公司的服务质量，对现有快件收取方式进行有效补充，从而提高城市服务水平，也为人类造福，体现青少年的社会责任感。

在此论文完成之际，衷心感谢毕欣老师、卓小利老师的帮助指导，她们在本篇论文的选题、研究、撰写及后期完善过程中提出了很多富有建设性的建议，并进行了细致的指导，使我初尝科学研究的幸福感。

第三节　科研与教学紧密结合的重要意义

一、新课标对新型教师的要求

新课程改革给教师提出了新的要求，从专业水平到教学理念、知识结构重组到教师角色定位、教学行为转变到追求教学艺术的臻美。新的课程标准全方位诠释了对新型教师的具体要求，教师是知识的学习者、探索者，学习资源的开发者，学生成长的对话者、促进者、引导者、合作者，学习型组织的推动者，美的感受者、体现者、创造者，学习过程的激励者，教学的专家和研究者，反思型的实践者，个性教学风格的铸造者等。明确了教师不能仅仅用传统的方法传授知识，还应该有独特性和前瞻性，用新视角、新模式自主研发创设教学课程，注重思维培养、新颖别致、鲜活时尚、综合深远，让学科知识和创新思维快乐地走进学生的心里，提高教学质量。因此，围绕教学开展的科研创新，是教师自我发展的体现，也是践行"教育是为了每一个学生的发展"的具体要求。

二、教师五大专业能力的培养

教师是教育发展的灵魂，教师专业能力的发展直接关系到教育教学质量的提高。没有教师综合实力的提升与精进，就谈不上学生的进步与发展。

教师专业能力的发展贯穿教师职业发展的全过程，表现为从新任教师、骨干教师到专家型教师的不同专业发展水平，不同水平的教师具有不同的思维特点、能力水平和发展诉求。教师专业能力的层级包括：基本能力、教学能力、教育能力、教研与自我发展能力、教学改革与创新能力这五大专业能力。

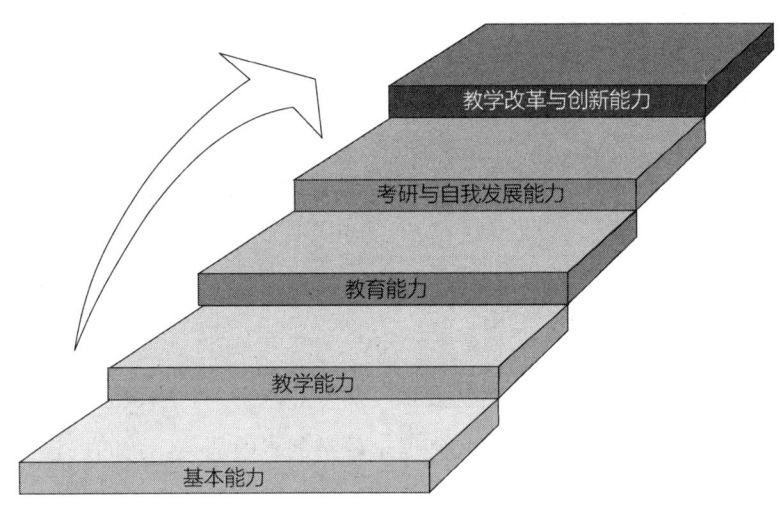

图3-79　教师专业能力发展层级结构

（源自思维智汇网《"思行合一"：这样提升专业能力才是当下教师所亟须的》）

由此可见，教学科研和改革创新是教师能力发展的终极目标，每一位教师都应该为此而努力。

三、教师对学生创新的引领作用

在科技创新的道路上，老师和同学都是探索者，要想培养青少年科技创新人才，教师应该创新实践先行。在日常教育教学工作中，教师应做到：求新、博学、思辨、精准、多维、时尚、热情等，用自己的科研成果更好地为课堂教学服务，最终是为了每一个学生的健康成长。

在教学科研探索过程中，也表达出教师对科技教育工作、对学生的热爱；教师自身具有的学识和热衷探索的个人魅力，都能为学生做出榜样和示范，教师是学生创新道路上的启蒙者和引路人，最终由学生来传承和发展。要坚信每个人都有创造能力，都是发明家，正如陶行知先生《创造宣言》里所说："处处是创造之地，天天是创造之时，人人是创造之人。"

> 教师先行，学生随行。
> 教师求新，学生创新。
> 教师多维，学生多思。
> 教师精准，学生精心。
> 教师博学，学生博识。
> 教师灵活，学生灵动。
> 教师辨析，学生思辨。
> 教师魔力，学生神力。
> 教师热心，学生热衷。
> 教师立功，学生成功！

图 3-80　教师与学生的传承发展

在多年的教学工作中，笔者非常注重教师自身的科研创新，也注重加强自身多学科、多维度的学习发展，例如，十几年来，笔者自主研发系列课程、教具、编著出版图书。在科技与艺术结合的音乐赏析课程中，笔者选用了自己演奏的小提琴曲《春节序曲》《同一首歌》《我的祖国》《小白船》等。事实证明，教师深度学习和持续进行科研探索，能极大地激发学生的好奇心和创新热情，点亮创新思维，增加学习内驱力，磨炼意志品质，提高认知美德，使学生更加热爱生活，用所学的知识服务社会，提升社会责任意识，在综合实践中全面发展成长，充分体现教育的根本宗旨是立德树人。

附　录

《多维大脑——创新思维方法与应用》教育教学评价

一、专家简介和点评

周又红，北京西城青少年科技馆特级教师、中科院老科学家科普演讲团团员、中国科协青少年部专家、国家生态环境部宣教中心专家。曾获全国环境教育先进个人、全国优秀科技工作者、全国先进科普工作者、北京市劳模、首都十大教育新闻人物。

专家点评：

2010年，我认识了正在面向青少年开展科技教育工作，并不断尝试摸索的毕欣老师。第一次见面我感到她的眼中有迷茫、有疑惑、有渴求，更有一个优秀教师应当有的睿智和坚韧，我很快就喜欢上了这个年轻人。十年后的今天，我发现，在诠释科技教育的理论及实践中，毕老师有着非常独特的视角。她勤于探索、勇于创新、善于总结，让最普通的科技教师工作获得骄人的成绩，着实令人敬佩。我非常钦佩她在本书中提出的"多维大脑"的理论。她通过自己扎实的工作实践，从多学科、多主题、多热点、多亮点、多层次、多角度、多时空、多认知、多质感、多发展这十个维度来诠释多维大脑的理论，为还在一线摸索前行的科技教师提供了比较清晰的理论和实践的脉络。

我愿意向科技教师推荐本书。

二、学校领导和老师的评价

1. 闫灵麟，广东省佛山市南海区第一中学副校长、高级教师、全国十佳科技教师、全国高级青少年科技辅导员、全国生态文明教育创新人物、广东省光电技术协会教育专业委员会秘书长。

教学评价：

毕欣老师怀着对校外教育的敬畏之情，怀着对科技教育事业的执着，怀着对科技辅导员工作的高度责任感，在教学实践中不断追问、不断求索、不断攀登。运用科学探究、数学表述、工程设计和技术制作相结合的跨学科思维去解决现实情境问题，善于从生活实际出发，通过适时适度的拓展，引导学生在平等、自由、协作的气氛下，进行真实情感的交流和思维的碰撞，将编程（思维）、动手（实践）完美结合，实现了信息技术教学培养学生创新能力的最本质的追求，用激情、激发、激活，塑造人、改变人、发展人。多年从事科技教育工作的毕欣老师始终保持着大江大河浩浩荡荡的激情，以惊涛拍岸之势，激发学生的参与热情，感染学生的情绪，带动学生全情投入，激活课堂，激活学生的内在潜力和生命活力。但"不是槌的打击，乃是水的载歌载舞，使鹅卵石臻于完善"，激情的背后，是毕老师对科技教育教学的思考、对学生深沉细腻的热爱。她全力扮演导演、演员、评论者、观众与听众的角色，善用小组合作、思维导图和小老师的方式组织教学，使她的课堂激情四射又静水深流。

2. 寒梅，北京市西城区阜成门外第一小学科研室主任、科技主管、高级教师、西城区学科带头人，获科技园丁奖。

教学评价：

毕欣老师有着十多年青少年科技创新教育教学理论实践经验，她开发的科技创新教学课程在我校已经实践了七年，教学效果明显，成绩斐然。在毕老师的指导下，学校连续六年、近五十人次获得全国大赛、全国小院士、北京市智能控制竞赛、北京市金鹏论坛等奖项。其中全国青少年创新大赛二等奖两人（学生）、全国创新大赛优秀科技方案二等奖一人（教师）、北京市智能控制大赛一等奖三人（学生），众多的科技新星正在冉冉升起。

毕欣老师将自己十几年的珍贵经验编著成书，对科技工作的创新理论实践非常有帮助，是一本理论与实践相结合，适合中小学课内外使用的优秀教材。"科技兴国"的战略思想，需要有更多的教师抱着满腔热忱，投入到培养学生科学兴趣、激发学生科技创新能力、指导学生参与科技实践活动中来。而《多维大脑——创新思维方法与应用》，就是一本极具指导意义的书。希望这本教材能够帮助更多的教师、启发更多的学生，共同走入科技创新的美好世界，为学生的科技梦想插上有力的翅膀。

3. 卓小利，北京市第四中学初中部北海校区教学处主任、全国十佳科技教师、全国高级青少年科技辅导员、西城区教育优秀工作者。

教学评价：

毕欣老师的《多维大脑——创新思维方法与应用》这本书，以创新思维培养为主线，注重认知学习和实践应用。创新思维方法是青少年科技创新过程中不可或缺的重要方法，创新思维的本质在于用新的角度、新的思考方法来解决现有的问题。

毕老师常年在我校开设科技创新选修课程，并结合学校科技文化节、垃圾分类进校园等主题活动，进行创新思维培养的探索。无论是选修课程还是多样的科技主题活动，都能激发学生的学习兴趣，活动互动性强，能够提升学生的创新思维能力。希望毕老师的课程和教材能够在更多的学校和科技教师那里得到实践和推广。

4. 田春华，北京市三帆中学教科室主任、高级教师、西城区学科带头人、小院士课题活动"全国优秀科技教师"、中国少年科学院全国优秀辅导教师。

教学评价：

毕欣老师在我校开设科技创新系列课程已经五年有余，因为课堂活跃、授课方式新颖、创新性强，一直被我校学生所喜爱，多次被学生评为"我最喜欢的课程"。毕欣老师是一位具有创新意识很强的老师，她的课程总在不断创新、发展、完善，一直朝着追求卓越努力。毕欣老师在我校执教的《"电子蜘蛛"制作与创新应用》一课，作为优秀课例在 2018 年国培计划中进行示范和展示，让全国一线科技教师学习和借鉴。

很欣喜拿到毕欣老师编写的《多维大脑——创新思维方法与应用》一书，这是她十几年来开发创新系列课程的案例集和思想总结。本书质量高、案例丰富、创新性强，无论是一线科技教师还是学生，阅读起来都会各有收获。好书不能只读一遍，相信这本书值得大家一读再读。

5. 赵昕，北京师范大学附属中学综合活动处副主任、科技组教研组长、西城区学科带头人。

教学评价：

毕欣老师长期到我校指导中学生开展科技创新实践活动，培养创新型后备人才。北京师大附中每年在毕老师指导下开展科技活动的学生约有三百人，在毕老师的指导下，每年都有学生完成科技创新课题研究。毕欣老师设计的科技课程紧随科技热点、生活焦点，创新实践活动注重学生思维和实践能力的培养。本书对中学一线教师开设创新思维课程有重要的指导意义。

6. 潘之浩，北京市西城外国语学校高级教师、通用技术教研组长、科技创新教育发展中心负责人、全国生态文明教育创新人物、西城区学科带头人。

教学评价：

毕欣老师从事科技教育工作十多年，是有能力、有创意、有经验的科技专家型教师。毕老师编纂的书籍是她多年教学成果的结晶、是教育经验的汇总、是实践创新的探索。其涉及面广，以常规教学课程、大型科普活动、竞赛指导课程、教师培训指导讲座等多种形式分层次开展内容，以现实生活为素材，精心创设系统教学课程，突出体现科技创新源于身边的生活，不论是师是生，都能参与进来，既是教学者的经验，也是学习者的范例。

7. 王玲，北京市第一六一中学科技办主任、生物高级教师，多次获得全国少年科学院小院士比赛优秀科技教师、北京市青少年科技创新大赛和金鹏科技论坛优秀辅导员、西城区科技园丁等称号。

教学评价：

毕欣老师热爱科技教育，专业知识深厚，是一位研究型教师。她经常深入基层学校，为广大师生传授科学知识，传播科学思想。在教育教学中，她注重培养学生创新能力，启发学生合作学习，引导学生科学探究。她关注时事热点，课题研究密切联系生活实际，具有时代性。毕老师注重总结提升，结合多年教学实践，编写了《多维大脑——创新思维方法与应用》一书，该书注重理论和实践的结合，形象生动，是一本指导性、实效性强的科技创新教材。

8. 侯越，北京八中科技教师、北京市优秀科技辅导员，辅导学生多次获全国科技比赛奖项，本人撰写的论文获得多项全国奖。

教学评价：

毕欣老师从事学生科技教育十余年，一直不断地学习新知识充实自己，引领着学生走在科技创新的前沿，以敬业和专业的教学风范得到了很多教师和学生的认可。特别是在辅导学生参与各项科技比赛方面，有着自己成熟的培养体系。从基础知识的讲解，到学生兴趣的引导，再到学生课题的个性化指导，因人而异，因题不同，步步深入，将科学知识的讲授与科学素养的提升有机结合，学生完成一项课题研究后，收获的不仅仅是一份荣誉，而是对于科学研究过程的认知和对科学精神的感悟，这些收获是孩子受益终身的。

9. 朱海芳，北京市通州区台湖学校高级教师、教学处主任、北京市市级骨干教师。

教学评价：

毕欣老师以自己独特的视角开设的科技创新教学课程，利于学生互动，增强了学生对科技学习的兴趣，提升了学生的创造力。以前，我们学校七、八年级的学生，在社团活动中对这些创新科技了解得不是很系统，但是，毕欣老师的系统课程开设之后，绝大多数学生的认知水平有了极大提升。

毕老师的课程，比如 5G，这样的内容以创新思维培养为主线，以现实生活为素材，精心创设系统教学课程，使学生认识到科技创新源于身边的生活。简短的视频、浅显生动的讲解，使学生很容易理解何为 5G，并加深了学生对国产科技创新水平的认知，感受到国力的强大，增强了社会责任感，立德树人！

10. 刘绍家，中山大学深圳附属学校中学高级教师、优秀科技工作者、专家型教师。

教学评价：

毕欣老师研发的科技创新系列课程的配套教材《多维大脑——创新思维方法与应用》一书，内涵丰富，操作性强，在学校进行教学实践，深受师生喜爱，应用效果显著。该教材以全面提高学生强烈的创新意识和开发创新思维为根本目的，尊重学生的主体地位和主动精神，注重激发学生的智慧潜能和形成学生健全的个性为特征，积极培养学生高瞻远瞩的战略思维能力。学生在学习该教材的过程中，领悟到创新思维的神奇，获得发明创新的灵感，学会如何思考及发现问题、解决问题的方法，强化创新思维在生活中的应用，有利于学生的终身发展。

11. 刘士明，北京市第二十五中学课外活动部主任、高级教师、中国科技辅导员协会专家组专家、中国茶叶流通协会教师工作委员会副秘书长，获首届中国设计大赛优秀设计奖。

教学评价：

毕欣老师认真钻研科技创新教学，着力培养学生创新思维能力。该教学课程内容丰富，设计新颖，注重点、线、面全方位培养学生科技创新能力，既能应用于大型科普活动，又能在班级教学，有利于培养科技拔尖人才，解决了目前校内外科技创新思维教学难度大、比较抽象、缺乏系统课程的现状，对青年教师也有多维度的指导帮助作用，是一本服务于科技创新教学和培养科技拔尖人才的实用性强、应用范围广的好教材。

多年来，毕欣老师不断进取，潜心钻研，辅导学生获得多项全国一等奖，辅导多位青年教师获得全国十佳教师称号。《多维大脑——创新思维方法与应用课程》一书是教师指导学生开展科技创新活动的实用教材。

12. 陈登民，山东省曲阜市杏坛中学高级教师、全国十佳科技辅导员、全国高级科技辅导员、山东省科普专家团科普专家、山东省十大杰出科技教师，拥有多项发明专利，7次入围全国青少年科技创新大赛决赛。

教学评价：

毕欣老师的《多维大脑——创新思维方法与应用》是她在十几年教学实践中的经验总结和升华，这些经验的推广对普及科技创新教育、开展科技创新系统教学课程的开发、开展学生创新思维训练、提升实践应用能力具有指导意义。该书课例取材于现实生活，系统加工，匠心思考，结合科技创新案例，对师生互动、培养老师的亲和力、增强学生的自信心、提高教学效果具有指导作用。她在教具方面的研发成果丰硕，这些教具可以开发STEM教具，应用于教学，对增强学生学习兴趣、促进学生创造力的发展具有重要作用。

13. 章凌川，湖南衡阳八中科技创新教研室主任、全国青少年科技教育高级辅导员、湖南省中小学研究性学习课程优秀指导教师、湖南省青少年科技创新大赛十佳科技教师。

教学评价：

毕欣老师创设的课程，以创新思维培养为主线，以现实生活为立足点，认知学习、实践应用、持续创新，可以结合科学（科技）教育常规教学课程、大型科普活动、竞赛指导课程、教师培训指导讲座等多种形式分层次开展，也可以作为学生课外活动指导教材。这本书通过教学实践，可以提升教师的课堂效率，激发学生的学习兴趣，为培养学生的创新能力和创造性思维能力、为学生的终身发展起到很好的基础性作用。

14. 田美影，北京市第五十四中学教师。曾辅导过翱翔计划、天文比赛、科学考察等，连续5年被评为北京市科技优秀辅导员。

教学评价：

毕欣老师的课程和书籍是多年科技创新领域实践经验的积累和提升。毕欣老师为广大青年教师开展科技创新活动提供了丰富的课程资源、多样的教学素材、系统的教学课程，可以多方位指导、帮助青年教师开展科技创新活动，辅导青少年科技后备人才。

毕欣老师原创的该教学课程内容翔实，利于教师讲解，有助于培养学生的科技创新思维，也有助于教师进行科研、教学改革，更好地设计适合学生发展的课程，从而提高教学质量。这本书一定会深受广大师生的喜爱。

15. 张欣，北京海淀区十一学校高级教师。

教学评价：

毕欣老师独创的《多维大脑——创新思维方法与应用》科技教学课程，具有独特性和新颖性，取得了很好的教育教学应用效果，对教师和学生开展科技创新活动都有指导意义。毕欣老师的原创课程和教材，贴近生活、视角多维、层次鲜明、与众不同，让我们深深地感受到科技的温度、亮度、广度和深度！

该课程巧妙地从生活中的热点、焦点选题，与我们的生活息息相关，激发了老师和学生的学习兴趣、关注度和参与度；课程用有效可行的训练方法，发掘多维大脑，启迪创新思维，培养批判性思维，提高思辨能力，形成认知美德，体验感受创新研究全过程，分享交流拓展创新成果等。科技教学从生活中来，最后解决生活中的问题，这也是科技创新的终极目标——促进社会发展，造福人类社会，增加社会责任感！

参考文献

[1] 刘卫平. 论灵感直觉思维创新的机制与规律[J]. 晋阳学刊, 2007, (6): 60-63.

[2] 刘彦生. 直觉思维的内涵要素及其创新性质分析[J]. 天津社会科学, 2004, (4): 48-51.

[3] 杨宏郝. 论逻辑思维的创新功能[J]. 学术论坛, 2001, (01).

[4] 苗东升. 论系统思维: 从整体上认识和解决问题[J]. 系统辩证学学报, 2004, (10).

[5] 黄顺基, 陈其荣, 曾国屏. 自然辩证法概论[M]. 北京: 高等教育出版社, 2005.

[6] 胡飞雪. 创新思维训练与方法[M]. 北京: 机械工业出版社, 2009.

[7] 文森特·赖安·拉吉罗[美]. 思考的艺术[M]. 北京: 机械工业出版社, 2019.

[8] 王亚东, 赵亮, 于海勇. 创造性思维与创新方法[M]. 北京: 清华大学出版社, 2018.

[9] 周苏. 创新思维与TRIZ创新方法[M]. 北京: 清华大学出版社, 2015.

[10] 尼尔·布朗, 斯图尔特·基利[美], 学会提问[M]. 北京: 机械工业出版社, 2019.

[11] 戴维·铂金斯[美]. 为未知而教, 为未来而学[M]. 杭州: 浙江人民出版社, 2015.

[12] 王志刚. 弹性思维[M]. 北京: 中国华侨出版社, 2013.

[13] 项立刚. 5G时代[M]. 北京: 中国人民大学出版社, 2019.

[14] 欧阳白远, 刘茜. 再造一个地球[M]. 北京: 北京理工大学出版社, 2018.

[15] 林理明. 电子技术基础与技能[M]. 北京: 机械工业出版社, 2011.

[16] 董健. 物联网与短距离无线通信[M]. 北京: 电子工业出版社, 2016.

[17] 胡卫平: 如何有效培养学生的创新素质[R/OL]. https://mp.weixin.qq.com/s/vBDldUMXbmALSkNolf9lWQ.2020.

[18] "思行合一": 这样提升专业能力才是当下教师所亟须的[R/OL]. https://mp.weixin.qq.com/s/cbetPTdG8ZOiehxo3ZCVGw.2020.

[19] 赏析世界顶级名画100幅[R/OL]. https://mp.weixin.qq.com/s/JWhkaZEDySW8DP9MsLL1Jg 杨陵书画艺术中心, 2019.

[20] 小提琴把位与小提琴换把技巧详解. 小提琴公开课[R/OL]. https://mp.weixin.qq.com/s/B4tOh5699NJQ-67YnGlkGg.2019-09-05.